高职高专"十三五"规划教材

钛及产品加工

主　编　刘洪萍　蔡川雄

副主编　刘　捷　苏海莎

主　审　雷　霆

U0326245

北　京

冶金工业出版社

2019

内 容 提 要

本书主要介绍了钛及产品加工,主要包括钛及其合金的主要性质、我国钛工业发展、钛眼镜型材和加工工艺、生物医用钛及钛合金加工工艺和钛及钛合金粉末冶金工艺等。本书内容力求通俗易懂,重点突出钛材加工工艺和产品质量检测手段等。

本书可作为高职高专院校教学教材和钛材加工企业职工培训用书,也可供相关企业技术人员和管理人员参考。

图书在版编目(CIP)数据

钛及产品加工/刘洪萍,蔡川雄主编. —北京:
冶金工业出版社,2019.5
高职高专"十三五"规划教材
ISBN 978-7-5024-8054-7

Ⅰ.①钛… Ⅱ.①刘… ②蔡… Ⅲ.①钛—金属材料
—金属加工—高等职业教育—教材 Ⅳ.①TG146.2

中国版本图书馆 CIP 数据核字(2019)第 051258 号

出 版 人 谭学余
地　　址　北京市东城区嵩祝院北巷 39 号　邮编　100009　电话　(010)64027926
网　　址　www.cnmip.com.cn　电子信箱　yjcbs@cnmip.com.cn
责任编辑　杨盈园　美术编辑　彭子赫　版式设计　禹　蕊
责任校对　郑　娟　责任印制　李玉山
ISBN 978-7-5024-8054-7
冶金工业出版社出版发行;各地新华书店经销;三河市双峰印刷装订有限公司印刷
2019 年 5 月第 1 版,2019 年 5 月第 1 次印刷
787mm×1092mm　1/16;10.5 印张;251 千字;159 页
29.00 元
冶金工业出版社　投稿电话　(010)64027932　投稿信箱　tougao@cnmip.com.cn
冶金工业出版社营销中心　电话　(010)64044283　传真　(010)64027893
冶金工业出版社天猫旗舰店　yjgycbs.tmall.com
(本书如有印装质量问题,本社营销中心负责退换)

前　言

　　钛是一种重要的金属材料，其主要工业制品有金属钛及钛合金、二氧化钛颜料（俗称钛白粉）。由于钛材质轻、比强度（强度/密度）高，又具有良好的耐热和耐低温性能，因而是航空、航天工业的最佳结构材料。钛与空气中的氧和水蒸气亲和力高，室温下钛表面会形成一层稳定性高、附着力强的永久性氧化物薄膜 TiO_2，使之具有惊人的耐腐蚀性，是海洋技术，特别是在含盐的环境中，如在海洋和近海中进行石油和天然气勘探的优选材料。钛及钛合金具有最佳的抗蚀性、生物相容性、骨骼融合性和生物功能性，在医学领域中获得了广泛应用。钛及钛合金除了具有质轻、强度高、耐腐蚀性能外，其加工产品还具有漂亮的外观，因而被广泛用于人们的日常生活领域。

　　钛及钛合金在民用消费品方面没有获得广泛应用的主要原因是钛的价格较高。如果钛的价格降低，将会出现一个应用广泛、飞速发展的新局面。寻求降低成本之路，就需要开发新合金、研究新工艺，如钛复合材料和涂、镀层工艺等。本书重点介绍了钛眼镜型材和加工工艺、生物医用钛及钛合金加工工艺和钛及钛合金粉末冶金工艺等，力求内容通俗易懂，重点突出钛材加工工艺和产品质量检测。

　　本书由刘洪萍编写第 1 章和第 2 章，蔡川雄编写第 3 章和第 4 章，刘捷编写第 5 章和第 6 章，由蔡川雄负责统稿、刘洪萍负责审定。

　　由于编者水平有限，书中不妥之处，敬请广大读者批评指正。

编者

2018 年 6 月

目　录

1 概　　论

1.1　钛发展简史

钛是一种重要的战略资源。

钛一直被认为是一种稀有金属,但它在地壳中的含量并不稀有,它约占地壳质量的 0.61%。地壳中的元素按丰度排列,钛占第十位,仅次于氧、硅、铝、铁、钙、钠、钾、镁和氢,比铜、锌、锡等普通有色金属要丰富得多,而且在岩石、砂粒、土壤、矿物、煤炭和许多动植物中都含有钛。

钛的最重要矿物是金红石(TiO_2)和钛铁矿($FeTiO_3$)。

钛的主要工业制品有金属钛及钛合金、二氧化钛颜料(俗称钛白粉)。

1791 年,英国传教士兼业余矿冶学家威廉·格雷戈尔(Reverend William Gregor,1762~1817)牧师首先提出猜测:在他所居住的村庄附近康沃尔郡(Cornwal)(英国)的黑色磁铁砂(钛铁矿)中可能有一种新的未知元素。之后,经过一系列的试验,测到其含量为 59%,但在当时并未发现这种金属元素。格雷戈尔以所居住的区域将其命名为 Menacearlite,所以,钛矿又称为 Menacearlite 矿。1795 年,德国化学家马丁·克拉普斯(Martin Heinrich Klaproth,1743~1817)分析了来自匈牙利的金红石并且鉴别出一种与格雷戈尔报道一致的未知元素的氧化物。马丁·克拉普斯以希腊神话中宙斯王的第一个儿子 Titans 之名将其所发现的金属命名为 Titanic Earth。这两处发现的金属,后来被证明属于同一种元素,学术界仍以 Titanium 命名之,但将发现者之名归于格雷戈尔,以尊重其贡献。该矿砂以苏俄境内的 Ilmen 山区为主要蕴藏地,因此将含有钛金属的矿物泛称为 Ilmenite。

钛金属元素虽然早在 18 世纪就被发现,但由于钛的化学活性强,难以提取,当时并没有引起人们的重视。直到 20 世纪初期,钛金属的潜力及钛氧化物的利用才逐渐被发掘出来。

为了从钛矿中分离出金属钛,人们用四氯化钛($TiCl_4$)作为一个中间介质做了许多尝试。由于钛与氧和氮反应强烈,实践证明,很难生产出这具有延展性的高纯钛。早期的实践表明,用 Na 或 Mg 还原四氯化钛($TiCl_4$)可产出小批量的脆性金属钛。

1910 年,美国科学家亨特(M. A. Hunter)首次用“钠法”提取出了可锻的纯钛。

1940 年,卢森堡科学家克劳尔(W. J. kroll)又用“镁法”还原 $TiCl_4$ 提取了纯钛。该工艺是用镁在惰性气氛中还原 $TiCl_4$ 生产钛,得到的钛因多孔且具有海绵外观而被称为“海绵钛”。“镁法”较“钠法”安全,还原物海绵钛更适于后续熔炼,美国首先用此法开始了工业规模的生产,随后,英国、日本、苏联和中国也相继进入工业化生产。Kroll 法至今仍是钛的主导生产工艺。

值得注意的是,在研究金属钛的开发之前,$TiCl_4$ 的工业生产就已经存在了,这是因

为 $TiCl_4$ 是生产涂料用的高纯二氧化钛的原料。时至今日，仍然有 5%的 $TiCl_4$ 用于生产金属钛。

1954 年，美国首先研制成功了 Ti-6Al-4V 钛合金，由于它在耐热性、强度、塑性、韧性、成形性、可焊性、耐蚀性和生物相容性方面均达到了较好指标，因而获得广泛应用。

值得一提的是，钛的机械性能与其纯度有密切关系，随着杂质含量增加，其强度升高，塑性陡降。纯钛的强度随着温度的升高而降低，具有比较明显的物理疲劳极限，且对金属表面状况及应力集中系数比较敏感。钛及其合金可进行压力加工、机械切削加工、焊接及其他结合加工。钛与其他六方结构的金属相比，承受塑性变形能力较高，其原因是滑移系较多且易于孪生变形。钛的屈强比（$\sigma_{0.2}/\sigma_b$）较高，一般在 0.70~0.95 之间，弹性较好，变形抗力大（变形抗力也称为变形阻力，是金属抵抗使其塑性变形外力的能力。变形抗力通常用单向拉伸的 σ_s 表示，有时也用 σ_b 或 $\sigma_{0.2}$ 来表示），而其弹性模量相对较低，故加工变形抗力大，回弹性也较严重，因此钛材在加工成型时较困难。

制约钛及钛合金在民用消费品方面没有获得广泛应用的主要原因是钛的价格较高。如果钛的价格降低将会出现一个应用广泛、飞速发展的新局面。为寻求降低成本之路，就需要开发新合金、研究新工艺，如钛复合材料和涂、镀层工艺等。

1.2 钛和钛合金制品的应用领域

在第二次世界大战之后的 20 世纪 40 年代后期和 50 年代初期，钛的特性开始引起了人们的关注，特别是在美国，主要由政府资助的一些项目推动了大规模海绵钛生产厂的建设，例如，TIMET 公司（1951 年）和 RMI 公司（1958 年）的钛生产工厂。在欧洲，大规模海绵钛的生产始于 1951 年的英国化学工业公司金属部（就是后来的汽车工业学会和 Deeside 钛厂），该厂后来成为欧洲主要的钛生产商。在法国，海绵钛生产几年后，于 1963 年停产。在日本，海绵钛的生产始于 1952 年，到 1954 年，两家公司——大阪钛公司和 Toho 钛公司已有相当的生产能力。苏联于 1954 年开始生产海绵钛，其海绵钛产能的增加令人关注；到 1979 年，苏联已变成世界上最大的海绵钛生产国。

中国在 2001 年前，海绵钛年产量仅占世界钛总产量的 3%；而到 2008 年，海绵钛产量一举跃居世界第一位，占世界总产量的 30%左右。2010 年中国已是世界最大钛生产国和消费国，海绵钛产量 54661t。除了规模的扩大，在产业设备条件以及钛技术研究和应用等方面中国也取得了长足进展。

在美国，大约在 1950 年，由于认识到添加铝能增加材料的强度，这极大地促进了合金材料的发展，诞生了添加锡在高温条件下应用的早期 α 合金 Ti-5Al-2.5Sn（除非特殊说明，否则本书中合金组成都以质量分数%表示），添加钼作为 β 稳定元素在高强度下应用的 α+β 合金 Ti-7Al-4Mo。一个重要的突破是 Ti-6Al-4V 合金于 1954 年在美国的诞生，很快，这种集优异性能和良好生产性能于一身的合金成为最重要的 α+β 合金，目前，Ti-6Al-4V 仍然是应用最广泛的合金。

在英国，合金的开发路径略有不同，其着重于航空发动机在高温下的应用，1956 年，诞生了合金 Ti-4Al-4Mo-2Sn-0.5Si（即后来的 IMI550），这标志着硅作为一种合金元素可改善材料的抗蠕变能力。

第一种 β 钛合金 B120VCA（Ti-13V-11Cr-3Al）是 20 世纪 50 年代中期在美国作为板材合金而开发利用的。从 20 世纪 60 年代开始，这种高强度、可时效硬化的板材合金被用作奇妙的间谍侦察机 SR-71 的机壳。

除了以上持续的合金开发和钛合金在宇宙航天领域的使用不断增加外，在民用上，纯钛（CP 钛）的使用量也在稳定增长，主要作为非宇宙航空领域的耐蚀材料。除美国之外，日本的纯钛生产引人注目，由于日本国内缺乏宇宙航天工业，故其主要制造和出口纯钛产品。

钛及钛合金的比强度、比刚度高，抗腐蚀性能、结合性能、高温力学性能、抗疲劳和蠕变性能都很好，具有优良的综合性能，是一种新型的、很有发展潜力和应用前景的结构材料。目前，钛及其合金主要用于航天、航空、军事、化工、石油、冶金、电力、日用品等工业领域，被誉为现代金属。

由于钛材质轻、比强度（强度/密度）高，又具有良好的耐热和耐低温性能，因而是航空、航天工业的最佳结构材料。

钛与空气中的氧和水蒸气亲和力高，室温下钛表面会形成一层稳定性高、附着力强的永久性氧化物薄膜 TiO_2，使之具有惊人的耐腐蚀性，因此，在当今环境恶劣的行业中，如化工、冶金、热能、石油等领域，得到了广泛应用。

钛及钛合金在海水和酸性烃类化合物中具有优异的抗蚀性，无论是在静止或高速流动的海水中钛都具有特殊的稳定性，从而是海洋技术，特别是在含盐的环境中，如在海洋和近海中进行石油和天然气勘探的优选材料。

钛及钛合金具有最佳的抗蚀性、生物相容性、骨骼融合性和生物功能性，因而被选用为生物医用材料，在医学领域中获得广泛应用。

钛及钛合金还具有质轻、强度高、耐腐蚀且外观漂亮等综合性能，因而被广泛用于人们的日常生活领域，例如眼镜、自行车、摩托车、照相机、水净化器、手表、展台框架、打火机、蒸锅、真空瓶、登山鞋、渔具、耳环、轮椅、防护面罩、栅栏用外防护罩等。

表 1-1 列出了钛和钛合金制品在部分领域中的应用情况。表 1-2 列出了 2015～2017 年我国钛加工材制品在不同领域的应用量对比情况。从表 1-2 中可见，化工、航空航天、电力及冶金和制盐是我国钛加工材制品的主要应用领域。

表 1-1　钛及钛合金制品在部分民用领域中的应用

应用领域	用　途	优　越　性
化工工业	石油冶炼，染色漂白，表面处理，盐碱电解，尿素设备，合成纤维反应塔（釜），结晶器，泵、阀、管道	耐高温、耐腐蚀，节能
交通类	飞机、舰船、汽车、自行车、摩托车等的气门、气门座、轴承座、连杆、消声器	减轻重量、降低油耗及噪声、提高效率
生物工程	制药器械，医用支撑、支架，人体器官及骨骼牙齿校形，食品工业，杀菌材料，污水处理	无臭、无毒、质轻耐腐，与人体亲和好，强度高
海洋与建筑	海上建筑、海水淡化，潜艇、舰船，海上养殖，桥梁，大厦的内外装饰材料	耐海水腐蚀，耐环境冲击性好

应用领域	用 途	优 越 性
一般工业	电力、冶金、食品、采矿、油气勘探、地热应用，造纸	强度高，耐腐蚀、无污染、节能
体育用品	高尔夫球杆，马具，攀岩器械，赛车，体育器材	质轻、强度高、美观
生活用品	餐具，照相机，工艺品纪念，文具，烟火，家具，眼镜架，轮椅，拐杖	质轻、强度高、无毒、无臭、美观

表 1-2　2015~2017 年全国主要钛加工产品在不同领域的应用量对比

年份	总量	化工	航空航天	船舶	冶金	电力	医药	制盐	海洋工程	体育休闲	其他
2015	43717	19486	6862	1279	2168	5537	884	1715	541	2031	3214
	占比/%	44.6	15.7	2.9	5.0	12.7	2.0	3.9	1.2	4.6	7.4
2016	44156	18553	8519	1296	1604	5590	1834	1175	1512	2090	1983
	占比/%	42.0	19.3	2.9	3.6	12.7	4.2	2.7	3.4	4.7	4.5
2017	55130	23948	8986	2452	1393	6692	2125	1342	2145	2772	3275
	占比/%	43.4	16.3	4.4	2.5	12.1	3.9	2.4	4.0	5.0	6.0

1.3　钛和钛合金及钛材制品分类

　　1956 年，麦克格维伦提出了按照退火状态下相的组成对钛及钛合金进行分类的方法，即将钛及其合金划分为纯钛、α 钛合金、α+β 钛合金、β 钛合金四类。

　　传统上，通过 β 同晶型相图，其简图如图 1-1 所示，根据商业钛合金在伪二元相截面

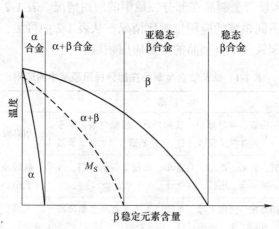

图 1-1　β 同晶型相图的伪二元相截面图（简图）

图中的位置，将钛合金分为三种类型，即 α、α+β 和 β 钛合金。纯钛在常温下为密排六方晶体，885℃时转变成体心立方结构（β 相），该温度称为 β 钛相变点。在纯钛中添加合金元素，根据添加元素的种类和添加量的不同，会引起 β 钛相变点的变化，出现 α+β 两相区。合金化后在室温下为 α 单相的合金称为 α 钛合金，有 α+β 两相的合金称为 α+β 钛合金，在 β 钛相变点温度以上淬火，能得到亚稳定 β 单相的合金称为 β 钛合金。

表 1-3 列出了三类合金中的每一种重要商用合金，给出了每一种合金的常用名称、名义成分和名义 β 相转变温度。

表 1-3 中列出的系列 α 合金，包括了各种等级的商业纯钛（CP 钛）和在 β 相转变温度以下具有良好退火性能的 α 钛合金，在此类 α 钛合金中，含有由铁作为稳定元素的少量 β 相（体积分数为 2%～5%）。β 相有助于控制再结晶 α 晶粒的尺寸和改善合金的耐氢性。4 种不同等级的商业纯钛（CP 钛）的区别在于氧含量的不同，其变化从 0.18%（1级）到 0.40%（4 级），含氧量的多少决定了材料屈服应力的等级。两种合金，即 Ti-0.2Pd 和 Ti-0.3Mo-0.8Ni 有比商业纯钛（CP 钛）更好的耐蚀性能，它们通常被称为 7 级和 12 级，其铁和氧的含量以商业纯钛（CP 钛）2 级为限。Ti-0.2Pd 有更好的耐蚀性能，但价格比 Ti-0.3Mo-0.8Ni 贵。α 钛合金 Ti-5Al-2.5Sn（含 0.20% 的氧）比商业纯钛（CP钛）（4 级：480MPa）有更高的屈服应力等级（780～820MPa），它可在多种温度下使用，最高使用温度可达 480℃，而含有 0.12% 氧的极低间隙型 ELI（extra low interstitial），甚至可在低温（-250℃）下使用，它是一种较古老的合金，最早生产于 1950 年，尽管目前在许多领域它已被 Ti-6Al-4V 所替代，但在市场上仍有一定份额。

表 1-3　重要的商业钛合金

常用名称	合金组成/%	β 相转变温度 T_β/℃
α 合金和商业纯钛（CP 钛）		
1 级	CP-Ti（0.2Fe，0.18 O）	890
2 级	CP-Ti（0.3Fe，0.25 O）	915
3 级	CP-Ti（0.3Fe，0.35 O）	920
4 级	CP-Ti（0.5Fe，0.40 O）	950
7 级	Ti-0.2Pd	915
12 级	Ti-0.3Mo-0.8Ni	880
Ti-5-2.5	Ti-5Al-2.5Sn	1040
Ti-3-2.5	Ti-3Al-2.5V	935
α+β 合金		
Ti-811	Ti-8Al-1V-1Mo	1040
IMI 685	Ti-6Al-5Zr-0.5Mo-0.25Si	1020
IMI 834	Ti-5.8Al-4Sn-3.5Zr-0.5Mo-0.7Nb-0.35Si-0.06C	1045
Ti-6242	Ti-6Al-2Sn-4Zr-2Mo-0.1Si	995
Ti-6-4	Ti-6Al-4V（0.20 O）	995
Ti-6-4 ELI	Ti-6Al-4V（0.13 O）	975
Ti-662	Ti-6Al-6V-2Sn	945

续表 1-3

常用名称	合金组成/%	β 相转变温度 T_β/℃
IMI-550	Ti-4Al-2Sn-4Mo-0. 5Si	975
β 合金		
Ti-6246	Ti-6Al-2Sn-4Zr-6Mo	940
Ti-17	Ti-5Al-2Sn-2Zr-4Mo-4Cr	890
SP-700	Ti-4. 5Al-3V-2Mo-2Fe	900
β-CEZ	Ti-5Al-2Sn-2Zr-4Mo-4Zr-1Fe	890
Ti-10-2-3	Ti-10V-2Fe-3Al	800
β-21S	Ti-15Mo-2. 7Nb-3Al-0. 2Si	810
Ti-LCB	Ti-4. 5Fe-6. 8Mo-1. 5Al	810
Ti-15-3	Ti-15V-3Cr-3Al-3Sn	760
β-C	Ti-3Al-8V-6Cr-4Mo-4Zr	730
B120VCA	Ti-13V-11Cr-3Al	700

根据钛合金的组织（α、α+β 和 β），对钛合金进行分类是很方便的，但可能引起误解。例如，上面提到的，所有的 α 钛合金都基本上含有少量的 β 相，或许，对 α 合金而言，更好的判断标准是经热处理后的状况，根据此标准，Ti-3Al-2. 5V 合金最好划为 α 钛合金，见表 1-4。这种合金经常被称为"半 Ti-6-4"，其拥有优异的冷成型性能，主要被制作成无缝管，用于航天工业和体育用具。

表 1-3 中列出的系列 α+β 合金，在图 1-1 中有一个从 α/α+β 边界到室温下，与 M_s 线交叉的范围，因而当从 β 相区域快速冷却至室温时，α+β 合金会发生马氏体相变。含少量 β 相稳定元素，体积分数（小于 10%）的合金也经常被称作"近 α"合金，它们主要用于高温条件下。在 800℃时，含 β 相稳定元素体积分数 15%的 Ti-6Al-4V 合金在强度、延展性、耐疲劳性和抗断裂等方面有很好的综合性能，但最高只能在 300℃下使用。这种极受欢迎合金的 ELI（极低间隙型）具有非常高的断裂韧性值和优异的抗破坏性能。

表 1-3 中列出的系列 β 合金，实际上都是亚稳态 β 合金，因为它们都位于相图（图 1-1）中的稳定（α+β）相区域。由于在单一的 β 相区域，稳态 β 合金作为商业用材料并不存在，因此，通常用 β 合金表述，本书中，也用亚稳态 β 合金表述。

β 合金的特征在于从 β 相区域以上快冷时并不发生马氏体相变。列于表 1-3 中 β 合金最前面的 Ti-6246 和 Ti-17 两种合金，通常可在 α+β 类合金中找到。汉堡-哈堡技术大学（The Technical University Hamburg-Harburg）的研究表明，Ti-6246 合金中出现的马氏体都是由于在常规样本制备期间人工诱导所致，例如，通过光学显微镜或 X 射线观察，或用透射电镜观察薄片样品，可以发现由机械抛光所致的应力诱导马氏体相变。在钛合金的样品制备过程中，有多种可能形成人工诱导。当采用电化学抛光除掉受机械抛光影响的表面层时，研究表明，在 Ti-6246 合金中并未出现马氏体，这种材料可从含氧量为 0. 10%的合金经热处理获得。相反，当对氧含量为 0. 15%的合金进行热处理时，从 X 射线衍射结果看，淬火时会形成 α″马氏体，这种 α″马氏体呈大块状组织。对

Ti-17 而言，它较 Ti-6246 含有更多的 β 相稳定元素。有充分的证据表明，Ti-17 合金不会发生马氏体相变。通常，对所有的 β 合金而言，相对于从 β 相区域的快速冷却，在 500~600℃ 的温度范围内进行时效时，其屈服应力水平可超过 1200MPa。这种高屈服应力是由于从亚稳态的前驱相中均匀地析出了细晶粒 α、片晶 ω 或 β′，它们或在冷却到室温过程或在再次加热到时效温度过程中形成。经过比较可知，对 α+β 合金而言，采用同样的冷却速度和最佳的时效处理后，其能够获得的最大应力水平仅大约为 1000MPa，这是因为在冷却过程中，对于不同的合金，相对粗晶粒的 α 相片状体，或按晶团分布，或形成单个的片状体。

虽然在表 1-3 中列出的常用 β 合金的数量不亚于 α+β 合金的数量，但值得注意的是，实际上，β 合金的用量在整个钛市场上的比例是很低的。尽管如此，由于 β 合金诱人的性能，特别是其高的屈服应力和低弹性模量，在一些领域（如弹簧）的应用，其使用量正在稳步增长。

我国钛合金牌号分别以 TA、TB、TC 作为开头，表示 α 钛合金、β 钛合金、α+β 钛合金。

按工艺方法，钛合金也可分为变形钛合金、铸造钛合金及粉末冶金钛合金等。按使用性能，钛合金可分为结构钛合金、耐热钛合金及耐蚀钛合金。

纯钛具有极为优异的耐腐蚀性能，主要应用于化工、轻工、制盐、建筑等领域；钛合金具有比重小、强度高、耐高温、抗疲劳等优异性能，主要用于军工和民用航空、航天、国防、生物医学、体育休闲等领域。

在钛合金中，α+β 型钛合金 Ti-6Al-4V 的综合性能最为优越，因而获得了最为广泛的应用，成为钛工业中的王牌合金，占全部钛合金用量的 80% 左右，许多其他的钛合金牌号都是 Ti-6Al-4V 的改型。

由于纯钛和钛合金的主要应用领域不同，各国的优势工业不同，所以纯钛和钛合金在各国钛市场上所占份额也相差很大。在拥有发达的军用及民用航空工业的美国，以 Ti-6Al-4V 为主的钛合金用量约占总量的 74%，纯钛用量仅占 26% 左右。以此相反，在基本没有本国航空工业的日本，纯钛的用量高达 90% 左右，仅 10% 左右为钛合金。

在我国，对纯钛和钛合金市场用量细分的资料较少，不过从表 1-2 钛材制品的主要应用领域可进行粗略的估算。化工和制盐工业基本上使用纯钛，而体育休闲和航空航天领域则基本上使用钛合金材，因此可大致估算出中国市场上纯钛的市场分额为 56% 左右，钛合金约为 44%。

钛锭，包括纯钛和钛合金，经压力加工等后续工艺处理后，可得到不同规格、种类、尺寸的钛材制品。按形状大致可分为：

（1）板材。包括厚度大于或等于 25.4mm 的厚板及厚度小于 25.4mm 的薄板。

（2）棒材。包括圆棒、方棒等。

（3）管材。包括无缝管及焊管。

此外，还包括锻件、丝材、铸件等。表 1-4 列出了 2006 年我国钛材制品产量（总量与表 1-3 的数据略有出入）及其所占比例。从表中数据可知，板材、棒材和管材制品占总产量的 80% 左右。

表 1-4　2006 年中国钛材制品产量及比例

种类	板材	棒材	管材	锻材	丝材	铸件	其他	合计
产量/t	5669	3098	2333	462	248	1462	607	13879
比例/%	40.8	22.3	16.8	3.3	1.8	10.5	4.4	100

2 钛和钛合金的主要性质

2.1 物理性质

钛按金属元素计，含量居地球各种元素的第七位，如按金属结构材料计，含量则仅次于铝、铁、镁而居第四位。

钛为银白色金属，为晶相双变体，相变温度为882℃，低于此温度稳定态为 α 型，密排六方晶系；高于此温度稳定态为 β 型，体心立方晶系。

钛位于元素周期表中第四周期第Ⅳ副族，原子序数 22，价电子层结构 $4s^2 3d^2$，在化合物中，最高价通常呈+4 价，有时也呈+3、+2 价等。钛的一些主要物理性质见表 2-1，光学特性见表 2-2。

表 2-1　钛的主要物理性质

物理化学性质		数　　值
相对原子质量		47.88
熔点 $t/℃$		1660
密度 $\rho/g \cdot cm^{-3}$	20℃时（α-Ti）	4.51
	900℃时（β-Ti）	4.32
	1000℃时	4.30
	1660（熔点）时	4.11±0.08
沸点 $t/℃$		3302
熔化热 $Q/kJ \cdot mol^{-1}$		15.2~20.6
固体 β-Ti 蒸气压与温度的计算公式		$\lg P^{\ominus} = 141.8 - 3.23 \times 10^5 T^{-1} - 0.0306T$ $[1200 \sim 2000K]$
熔融钛蒸汽压与温度的计算公式		$\lg P^{\ominus} = 1215 - 2.94 \times 10^5 T^{-1} - 0.0306T$ （熔点~沸点）
汽化热 $Q/kJ \cdot mol^{-1}$		422.3~463.5
纯钛的热导率 λ 与温度 $t(℃)$ 的关系式 /W·$(m \cdot K)^{-1}$		$\lambda = 26.75 - 32.8 \times 10^{-3}t + 8.23 \times 10^{-5}t^2 - 9.70 \times 10^{-8}t^3 + 4.60 \times 10^{-11}t^4$　$(t>0℃)$
工业纯钛的热导率 λ 与温度 $t(℃)$ 的关系式 /W·$(m \cdot K)^{-1}$		$\lambda = 17.6 - 4.60 \times 10^{-3}t + 1.47 \times 10^{-5}t^2 + 4.18 \times 10^{-12}t^4$　$(t>0℃)$
磁化率 $X_m/(m^3 \cdot kg^{-1})$		9.9×10^{-6}

表 2-2　钛的光学特性

光学性质和名称	入射波长 λ/Å							
	4000	4500	5000	5500	5800	6000	6500	7000
反射率 ε/%	53.3	54.9	56.6	57.05	57.55	57.9	59.0	61.5
折射指数	1.88	2.10	2.325	2.54	2.65	2.67	3.03	3.30
吸收系数	2.69	2.91	3.13	3.34	3.43	3.49	3.65	3.81

为便于比较，表 2-3 列出了钛和钛合金与铁、镍、铝等金属结构材料的相关性质。

表 2-3　钛和钛合金与铁、镍、铝等金属结构材料性质的比较

项　目	Ti	Fe	Ni	Al
熔点/℃	1660	1538	1455	660
相变温度/℃	$\beta \xrightarrow{882} \alpha$	$\gamma \xrightarrow{912} \alpha$	—	—
晶体结构	体心立方→六方晶系	面心立方→体心立方	面心立方	面心立方
室温 E/GPa	115	215	200	72
屈服应力水平/MPa	1000	1000	1000	500
密度/g·cm^{-3}	4.5	7.9	8.9	2.7
相对抗蚀性	极高	低	中	高
与氧的相对反应性	极快	低	低	快
相对价格	极高	低	高	中

2.2　化 学 性 质

钛的化学性质相当活泼，在较高温度下，钛能与很多元素发生反应，各种元素按其与钛发生的不同反应，可分为四类。

第一类：卤素和氧族元素与钛生成共价键与离子键化合物。

第二类：过渡元素、氢、铍、硼族、碳族和氮族元素与钛生成金属间化合物和有限固溶体。

第三类：锆、铪、钒族、铬族、钪元素与钛生成无限固溶体。

第四类：惰性气体、碱金属、碱土金属、稀土元素（除钪外）、钶、钍等不与钛发生反应或基本上不发生反应。

在 $-196 \sim 500$℃的温度范围内，在金属钛的外表面会生成一层氧化物保护膜，因此，钛在空气中很稳定。

钛能与所有卤素元素发生反应，生成卤化钛。

钛与氧的反应取决于钛存在的形态和温度，粉末钛在常温空气中可因静电、火花、摩擦等作用发生剧烈的燃烧或爆炸，但致密钛在常温空气中是很稳定的。

钛在常温下不与氮发生反应，但在高温下（800℃以上），钛能在氮气中燃烧，熔融钛与氮的反应十分激烈。

钛与气体磷在高于 450℃时发生反应，在低于 800℃时主要生成 Ti_2P，高于 850℃时

生成 TiP。

钛在常温下与硫不发生反应,高温时,熔化硫、气体硫与钛发生反应生成钛的硫化物,熔融钛与气体硫之间的反应特别剧烈。

钛与碳仅在高温下才发生反应,生成含有 TiC 的产物。

钛与氟化氢气体在加热时能发生反应,氯化氢气体能腐蚀金属钛。钛与浓度低于 5% 的稀硫酸反应后,可在钛表面生成保护性氧化膜,避免钛被稀硫酸继续侵蚀,但浓度高于 5% 的硫酸能与钛发生明显反应。

致密而表面光滑的钛对硝酸具有很好的稳定性,但表面粗糙,尤其是海绵钛或粉末钛,会与冷、热稀硝酸发生反应。温度高于 70℃ 时,浓硝酸可与钛发生反应;冒红烟的浓硝酸,即饱和二氧化氮的硝酸溶液,能迅速腐蚀钛,并可与含锰的钛合金发生剧烈的爆炸反应。

钛在常温下不与王水反应,但温度高时,钛可与王水发生反应,生成 $TiOCl_2$。

钛在常温下不与氨或水反应,但在高温下可与氨发生反应,生成氢化物和氮化物,钛粉末可与沸腾的水或水蒸气发生反应并析出氢。

钛的化合物种类较多,一般划分为钛的简单化合物和钛的络合物两大类。钛的简单化合物又分为钛的酸化物、钛的盐类和钛的金属间化合物三种。

钛的氯化物中,常见的有四氯化钛($TiCl_4$)、三氯化钛($TiCl_3$)、二氯化钛($TiCl_2$)、氯氧化钛($TiOCl_2$、$TiOCl$)等。

钛的氧化物主要有二氧化钛,其次还有许多低价钛氧化物,如 TiO、Ti_2O_3、Ti_3O_5 等,此外,还有高价钛氧化物,如 TiO_3、Ti_2O_3 等。

钛的氢氧化物主要有二氢氧化钛[$Ti(OH)_2$]、三氢氧化钛[$Ti(OH)_3$]、正钛酸(又称 α- 钛酸)[H_4TiO_4]、偏钛酸(又称 β- 钛酸)[H_3TiO_3]、多钛酸等。

钛的硫化物主要有一硫化钛(TiS)、三硫化二钛(Ti_2S_3)、二硫化钛(TiS_2)等。氮化物主要有 TiN、TiN_2、Ti_2N、Ti_3N、Ti_4N、Ti_3N_4、Ti_3N_5、Ti_5N_6 等。硼化物主要有 Ti_2B、TiB、TiB_2、Ti_2B_5 等。氢化物主要有一氢化钛(TiH)、二氢化钛(TiH_2)等。钛的碳化物也很多,其中最重要的是 TiC。

钛的盐类众多,主要有:(1)钛盐,如正硫酸钛、硫酸氧钛、硝酸钛等;(2)钛酸盐,如钛酸钾、钛酸锶、钛酸铅、钛酸锌、钛酸镍、钛酸镁、钛酸钙、钛酸钡、钛酸锰、钛酸铁、钛酸铝等;(3)卤钛酸盐,如六氟钛酸钠、六氟钛酸钾、六氯钛酸钾、六氯钛酸钠等。

钛的有机化合物种类繁多,主要分为钛酸酯及其衍生物、有机钛化合物、含有机酸的钛盐或钛皂三类。

值得一提的是,尽管钛具有很高的比强度,但由于其价格昂贵,故仅在某些特定的应用领域才选择钛。造成钛价格高的主要原因是钛和氧非常容易起反应,在由四氯化钛生产海绵钛以及钛的熔炼过程中都需要使用惰性气体保护或在真空条件下熔炼。其他的主要成本要素还包括能源和高的粗四氯化钛成本。但由于钛易与氧反应,当钛暴露于空气中时,会立即在表面生成一层稳定的氧化物附着层,这使得钛在各种腐蚀性的环境中,尤其是在酸性水溶液环境中,具有优越的抗腐蚀性能。铝是钛在轻质结构材料应用方面的主要竞争对象,由于钛的熔点比铝高得多,这就使得钛在约 150℃ 的使用温度比铝具有明显的优势。由于钛极易与氧反应，这限制了钛合金的最高使用温度约为 600℃，超过这个温度，氧通过表面氧化层的扩散速度变得很快，会导致氧化层过度增长以及紧邻的钛合金富氧层的脆化。

2.3　晶　体　结　构

在 882℃ 时，纯钛将发生同素异构转变，由较高温度下的体心立方晶体结构（β 相）转变为较低温度下的密排六方晶体结构（α 相）。间隙元素和代位元素对转变温度影响很大，因此，准确的转变温度取决于金属的纯度。α 相的密排六方晶胞如图 2-1 所示，图中同时给出了室温下的晶格常数 a(0.295nm) 和 c(0.468nm)，α 纯钛的 c/a 比是 1.587，小于密排六方晶体结构的理想比例 1.633。图 2-1 还给出了三个最密集排列的晶面类型：(0002) 面，也称为基面；3 个 {1010} 面之一，也称为棱柱面；6 个 {1011} 面之一，也称为棱锥面。a_1、a_2 和 a_3 三个轴是指数为 <1120> 的密排方向。β 相的体心立方晶胞（bcc）如图 2-2 所示，该图也表示出了一种 6 个最密集排列 {110} 的晶格面类型，给出了纯 β 钛在 900℃ 时的晶格常数（a=0.332nm）。密排的方向是 4 个 <111> 的方向。

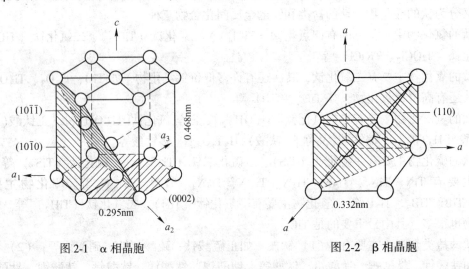

图 2-1　α 相晶胞　　　　　　　　图 2-2　β 相晶胞

2.4　弹　性　特　征

α 相的密排晶体结构固有的各向异性特征对钛及钛合金的弹性有重要影响。室温下，纯 α 钛单个晶体的弹性模量 E 随晶胞 c 轴与应力轴之间的偏角 γ 变化的关系如图 2-3 所示。从图中可以看出，弹性模量 E 在 145GPa（应力轴与 c 轴平行）和 100GPa（应力轴与 c 轴垂直）之间变化。类似地，当在 <1120> 方向的 (0002) 或 (1010) 面施加剪切应力时，单个晶体的剪切模量 G 发生强烈变化，数值在 34~46GPa 之间，而具有结晶组织的多晶 α 钛，其弹性特征的变化则没有那么明显。弹性模量的实际变化取决于组织的性质和强度。

对于多晶无组织 α 钛而言，随着温度的升高，其弹性模量 E 和剪切模量 G 几乎呈直线下降，如图 2-4 所示。从图中也可看出，其弹性模量 E 由室温时的约 115GPa 下降到 β

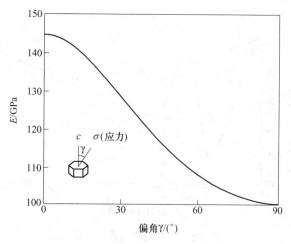

图 2-3 α 钛单晶体的弹性模量 E 随偏角 γ 的变化关系

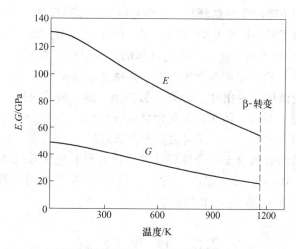

图 2-4 α 钛多晶体的弹性模量 E 和剪切模量 G 随温度的变化关系

转变温度时的约 85GPa，而剪切模量 G 在同一温度范围内由约 42GPa 下降到 20GPa。

由于 β 相不稳定，故在室温下无法测定纯钛 β 相的弹性模量。对于含充裕的 β 相稳定元素的二元钛合金，如含钒 20% 的 Ti-V 合金，通过急冷方式可以使亚稳态的 β 相在室温下存在。在水淬条件下，Ti-V 合金弹性模量 E 的数据如图 2-3 所示。弹性模量与成分的关系可以含钒 0~10%、10%~20% 和 20%~50% 三种不同情况下进行讨论。

从图 2-5 中可以看出，当含钒量在 20%~50% 之间时，β 相的弹性模量 E 值随含钒量的增加而升高，在含钒 20% 时的值最小，为 85GPa。从图 2-5 中还可看出，β 相的弹性模量通常比 α 相低。例外的是，当含 15% 的钒时，弹性模量 E 最大，这与被称为非热 ω 相的形成有关。对于含有 β 相稳定元素的钛马氏体，当含钒量从零增至 10% 时，弹性模量 E 急剧降低。含量的最大与最小值都跟 (α+β) 相退火导致的弹性模量 E 消失有关（见图 2-5 的虚线），弹性模量 E 沿着 (α+β) 边界区域间的连线移动，其走向可根据混合原理推测。同样地，对于 Ti-Mo，Ti-Nb 和其他含有 β 相稳定元素的二元合金，其含量与弹性模量 E 也有相类似的关系。对于含有 β 相稳定元素（见图 2-5 中含量范围 0~10%）的马

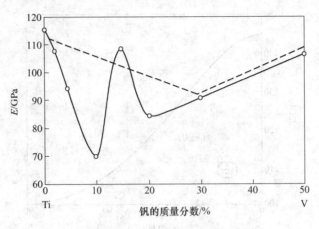

图 2-5　Ti-V 合金的弹性模量

实线—24h，900℃；虚线—600℃，退火

氏体，其模量值急剧下降的常规解释是：在载荷应力诱变马氏体过程中，因残留亚稳态 β 相的改变，从而导致了低弹性模量物质的出现，但研究表明，Ti-7Mo 在弹性模量 E 只有 72GPa 时，其组织为 100%马氏体，并不含任何的残留亚稳态 β 相，因此，弹性模量的急剧下降似乎直接是受 β 稳定元素的严重影响，并降低了晶格间的结合力。值得注意的是，一些该类合金的马氏体还显示出螺旋分解趋势，相反的，最常见的 α 稳定元素（铝）可增加 α 相的弹性模量。对固溶体而言，其含量与弹性模量 E 的关系无规律性。如在 Ti-Al 系中，它表现出规则排列的趋势，同时共价键在增加。

　　一般情况下，商用 β 钛合金的弹性模量 E 值比 α 钛合金和 α+β 钛合金的低，在淬火条件下，标准值为 70～90GPa。退火条件下，商用 β 钛合金的弹性模量 E 值为 100～105GPa；纯钛为 105GPa；商用 α+β 钛合金大约为 115GPa。

2.5　形　变　模　式

　　密排六方 α 钛合金的延展性，尤其在低温下，除受常规的位错滑移影响外，还受孪晶畸变活化的影响。这些孪晶模式对于纯钛和一些 α 钛合金的畸变很重要。尽管在两相 α+β 合金中，由于微晶、高掺杂物和析出 Ti_3Al，孪晶几乎被抑制，但在低温下，因微晶的存在，这些合金具有很好的延展性。

　　体心立方的 β 钛合金除受位错滑移影响外，还受孪晶的影响，但在 β 合金中，孪晶只发生在单一相中，并且随掺杂物的增加而减少。将 β 钛合金热处理后，β 钛合金会因 α 粒子的析出而硬化，同时孪晶被完全抑制。这些合金在成型加工过程中，可能会出现孪晶。一些商用 β 钛合金也可形成畸形诱变马氏体，它可强化 β 钛合金的成型性。畸形诱变马氏体的形成对合金成分非常敏感。

2.5.1　滑移模式

　　图 2-6 所示为密排六方晶胞 α 钛的不同滑移面和滑移方向。主要滑移方向是沿 <1120> 的 3 个密排方向。含 ā 伯格斯（Burgers）矢量型的滑移面为（0002）晶面，3 个

{1010} 晶面和6个 {1011} 晶面。这三种不同的滑移面和可能的滑移方向能组成12个滑移系（表2-4），实际上，它们可简化为8个独立的滑移系，并且还可减少到仅为4个独立的滑移系，因为由滑移系1和2（表2-4）相互作用产生的形变，实际上与滑移系3是完全一致的，因此，如果 von Mises 准则正确，那么一个多晶体的纯塑性形变至少需要5个独立的滑移系，一个具有所谓非伯格斯矢量滑移系的激活，或者是 [0001] 滑移方向的 c 型或是<1123>滑移方向的 $c+a$ 型（图2-6和表2-4）。$c+a$ 型位错的存在已通过 TEM 在许多钛合金中检测到。如果只是判断这种 $c+a$ 型位错的存在，那么 von Mises 准则是否正确不太重要，但是如果对多晶物质中的微粒施加与 c 轴同方向的应力，那么，要确定是哪一个滑移系被激活，这就需要借助 von Mises 准则了。在此情况下，$\bar{a}$ 型伯格斯矢量滑移系和 c 型伯格斯矢量位错都不被激活，因为二者的 Schmidt 因子都为零。从具有 $c+a$ 伯格斯矢量位错可能的滑移面看，{1010} 滑移面是不能被激活的，因为它平行于应力轴，对于其他可能的滑移面（图2-6），{1122} 面比 {1011} 面更接近45°（具有更高的 Schmidt 因子）方向，假定两类滑移面的临界分切应力（CRSS）都相同，那么对于 α 钛，具有非伯格斯矢量滑移系中最可能被激活的是<1123>方向的 {1122} 滑移面。见表2-4中的第4类滑移系。

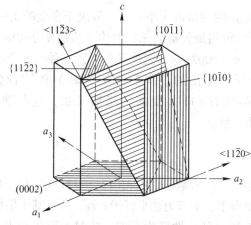

图2-6　密排六方 α 相中的滑移面和滑移方向

表2-4　密排六方 α 相中的滑移系

滑移系类型	伯格斯 矢量类型	滑移方向	滑移面	滑移系数量	
				总数	独立系数量
1	a	<1120>	(0002)	3	2
2	a	<1120>	{1010}	3	2
3	a	<1120>	{1011}	6	4
4	$c+a$	<1123>	{1122}	6	5

实际上，在 $c+a$ 滑移系和 a 滑移系中，临界分切应力（CRSS）的差别较大，这已在 Ti-6.6Al 单晶中测出（图2-7），在无组织的多晶 α 钛中，沿 $c+a$ 滑移方向形成的微粒百分数是相当低的，因为即便在应力轴与 c 轴偏离大约10°的范围内，沿 a 滑移方向的激活也很容易。

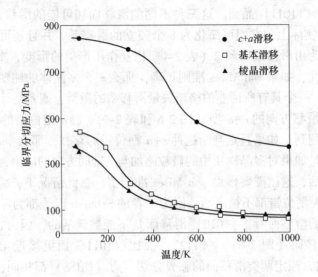

图 2-7　Ti-6.6Al 单晶中，具有 a 和 $c + a$ 伯格斯矢量
滑移下的温度和临界分切应力（CRSS）的关系

临界分切应力（CRSS）绝对值的大小基本上取决于合金的组成和测试温度（图2-7）。室温下，具有基本（a 型）伯格斯矢量的三种滑移系的临界分切应力（CRSS）差别很小，即为：｛1010｝＜｛1011｝＜｛0002｝，如温度升高，则这种差异更小（图 2-7）。

正如二元 Ti-V 合金所表示出的，体心立方（bcc）β 钛合金的滑移系是｛110｝，｛112｝和｛123｝，它们都具有＜111＞型的伯格斯矢量，这与通常观测到的体心立方（bcc）金属的滑移模式相一致。

2.5.2　孪晶形变

在纯 α 钛中，观察到的主要孪晶模式为｛1012｝、｛1121｝和｛1122｝。α 钛三种孪晶系的晶体要素列于表 2-5。低温下，如应力轴平行于 c 轴，并且基于伯格斯矢量的位错不发生，那么，孪晶模式对塑性变形和延长性极为重要，此时，形变拉力导致沿 c 轴的拉伸，使｛1012｝和｛1121｝面的孪晶被激活。最常见的孪晶为｛1012｝型，但它们具有最小的孪晶切应力（表 2-5）。图 2-8 所示的是具有更大孪晶切应力的｛1121｝型孪晶的形变。施加平行于 c 轴的压力载荷时，沿着 c 轴方向，受压的｛1122｝孪晶被激活（图 2-9）。施加压力载荷后，在相对高的形变温度，即 400℃ 以上，也能观测到｛1011｝孪晶的形变。

表 2-5　α 钛的孪晶形变要素

孪晶面（第一次未成形面）K_1	孪晶切应力方向 η_1	第二次未成形面 K_2	K_2（η_1）下的切应力截面方向	垂直于 K_1 和 K_2 的切应力面	孪晶的切应力等级
｛1012｝	＜1011＞	｛1012｝	＜1011＞	｛1210｝	0.167
｛1121｝	＜1126＞	（0002）	＜1120＞	｛1100｝	0.638
｛1122｝	＜1123＞	｛1124｝	＜2243＞	｛1100｝	0.225

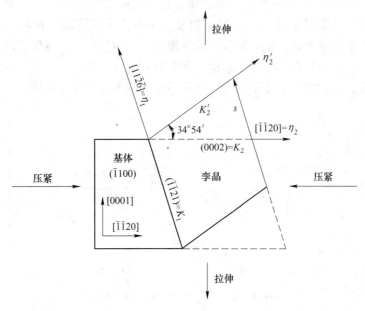

图 2-8 孪晶沿 {1121} 的形变

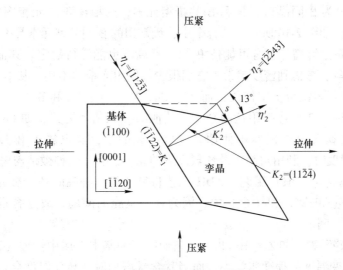

图 2-9 孪晶沿 {1122} 的形变

α 钛中，掺杂原子浓度的增加，例如氧、铝的增加，可抑制孪晶的生成，因此，在纯钛或在低氧浓度的纯钛（CP 钛）中，孪晶的形变仅在平行于 c 轴的方向发生。

2.6 相 图

钛的合金元素通常可分为 α 稳定元素或 β 稳定元素，这取决于它们是增加或降低钛的 α/β 转变温度，纯钛的 α/β 转变温度为 882.0℃。

代位元素 Al 和间隙元素 O、N 和 C 都是很强的 α 稳定元素，随其含量的增加，其转变温度升高，这可从图 2-10 中看出。铝是钛合金中应用最广泛的合金元素，因为它是唯一能提高转变温度的普通金属，并且在 α 和 β 相中都能大量溶解。在间隙元素中，氧之所以被看作是钛的合金元素，是氧的含量通常能决定所希望的强度等级，这在不同等级的纯钛（CP 钛）中尤为明显。其他的 α 稳定元素还包括 B、Ga、Ge 和一些稀有元素，但与铝和氧相比较，它们的固溶度都很低，通常不作为钛的合金元素使用。

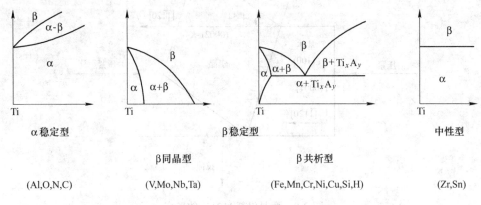

图 2-10　合金元素在钛合金相图中的作用（简图）

β 稳定元素分为 β 同晶型元素和 β 共析型元素，这取决于二元相图中的具体情况，这两种类型的相图如图 2-10 所示。钛合金中，最常用的 β 同晶型元素是 V，Mo 和 Nb，如果这些元素的含量足够高，就有可能使 β 相在室温下也能维持稳定。其他属于此类的元素还有 Ta 和 Re 等，考虑到密度因素，它们很少被使用或根本不用。从 β 共析型元素看，Cr、Fe 和 Si 已在很多钛合金中使用，而 Ni、Cu、Mn、W、Pd 和 Bi 的使用却非常有限，它们仅被用于 1 种或 2 种特殊用途的合金。其他的 β 共析型元素，如 Co、Ag、Au、Pt、Be、Pb 和 U，在钛合金中根本不使用。应该提到的是，氢也属于 β 共析型元素，在 300℃ 的低共析温度时，利用与高扩散性氢反应的原理，有了一种微结构提纯的特殊工艺，即所谓的加氢/脱氢（HDH）工艺，HDH 工艺将氢作为一种临时的合金元素。通常情况下，在商业纯钛（CP 钛）和钛合金中，因为存在氢脆的问题，故其含量被严格限制在 $(125 \sim 150) \times 10^{-6}$ 之间。

另外还有一些元素，如 Zr、Hf 和 Sn，它们的行为基本上属中性型（图 2-10），因为它们降低 α/β 转变温度的程度非常小，而当其含量增加时，转变温度会再次升高。Zr 和 Hf 属同晶型元素，因此，二者都存在由 β 向 α 同素异构相的转变，它们能完全溶于 α 相和 β 相的钛中；相反，Sn 属于 β 共析型元素，但基本上对 α/β 相的转变温度没有影响。许多商用多元合金中都含有 Zr 和 Sn，但在这些合金中，两种元素都被认为是 α 稳定元素，这是因为 Zr 和 Ti 的化学性质相似，而 Sn 可替代六方排列的 Ti_3Al 相（α_2）中的 Al。当 Sn 替代 Al 时，其作用可看作 α 稳定型。该例表明，基于 Ti-X 二元系，由于合金元素的相互作用，要完全弄明白钛合金的行为是很困难的。罗森伯格（Rosenberg）曾试图表述 α 稳定元素在多成分钛合金中的作用，建立了等效铝含量的计算公式：$[Al]_{eq.} = [Al] + 0.17[Zr] + 0.33[Sn] + 10[O]$。

关于不同的合金元素对 α 和 β 相稳定性的影响以及考虑到电子和热力学因素的更多

详细资料，可从柯林斯（Collings）的综述性论文中查找。

虽然所有的钛二元平衡相图都已包括在 ASM 合金相图手册中，但有必要对以下几个最重要的合金相图进行讨论。

正如上面已指出的，铝是最重要的 α 稳定元素，在很多钛合金中获得了应用。从图 2-11 所示的二元 Ti-Al 合金相图可以看出，随着铝含量的增加，将生成 $Ti_3Al(\alpha_2)$ 相，$\alpha +$ Ti_3Al 两相大约在含铝 5%、温度为 500℃ 时形成。为了避免在 α 相中局部出现 Ti_3Al 的聚集，在大部分钛合金中，铝含量被限制在 6%。从图 2-11 中还可看出，当铝含量为 6% 时，其转变温度已从纯钛的 882℃ 升高到大约 1000℃，进入 $\alpha + \beta$ 二相区。除常规的钛合金，Ti-Al 相图还是研究钛-铝金属间化合物的基础，基于两种金属间化合物 $Ti_3Al(\alpha_2$ 合金与斜方变异晶，Ti_2AINb 合金）和 $TiAl(\gamma$ 合金）的新合金正在研发中。

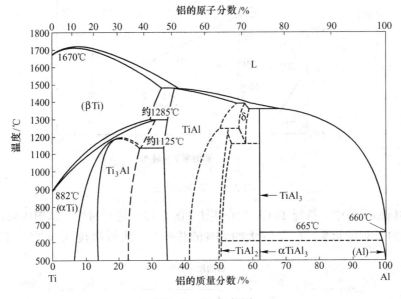

图 2-11 Ti-Al 相图

在三种最重要的 β 同晶型元素（V，Mo 和 Nb）中，选择 Ti-Mo 二元相图（图 2-12）进行讨论，这是因为在多元钛合金的所有 β 相稳定元素中，以钼的等效含量最容易计算（与铝的等效含量类似）。图 2-12 是一张老版本的相图，摘自汉森（Hansen）1958 年出版的《二元合金结构》一书（第二版），新版相图显示，在 Mo 含量超过 20% 时，存在一个混溶区，在 $\alpha + \beta$ 相区以外的混溶区内，β 相分成了 $\beta' + \beta$ 两个体心立方（bcc）相。常规钛合金中，钼的最大含量约为 15%，因此，该混溶区的存在只是增加了讨论的复杂性，无助于了解合金元素含量对合金性能的影响。另外，从图 2-12 中可以看出，含 Mo15% 时，能够使 $\beta \rightarrow \alpha + \beta$ 的转变温度从纯钛的 882℃ 降低到大约 750℃。从图 2-12 中还可看出，Mo 在 α 相中的固溶度很低（小于 1%）。Ti-V 和 Ti-Nb 相图与图 2-12 很相似，15% 的 V 含量，也是常规钛合金中钒的最大含量，此时，$\beta \rightarrow \alpha + \beta$ 转变温度降低到大约 700℃。680℃ 时，V 在 α 相中的最大固溶度约为 3%，这已比钼的固溶度高多了。常规钛合金中，Nb 的含量保持在 1%~3% 之间，比 Mo 和 V 的最大量低得多。Nb 对 $\beta \rightarrow \alpha + \beta$ 转变温度的影响跟 Mo 相似，含 Nb15% 时，转变温度可降至大约 750℃。

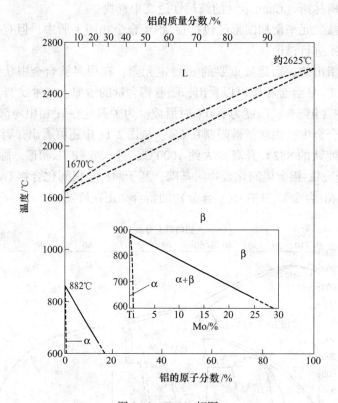

图 2-12　Ti-Mo 相图

　　在 β 共析型元素中，选择 Ti-Cr 二元相图（图 2-13）进行讨论。从图中可以看出，Cr 是一种有效的 β 稳定元素，在含 Cr 大约 15%的共析点，共析温度为 667℃。应注意的是

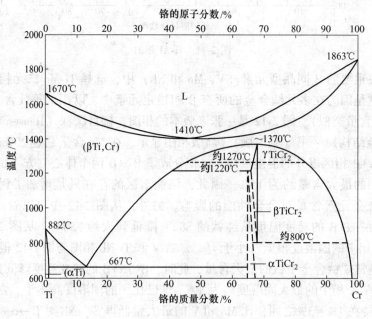

图 2-13　Ti-Cr 相图

Cr 的共析溶解非常缓慢，所以在常规钛合金中，Cr 的含量都低于 5%，以避免金属间化合物 TiCr$_2$ 的生成，唯一的例外是在 SR-71 飞机中，使用的老牌号 B120VCA 合金中含有 11% 的 Cr，这种合金不稳定，因为长时间在高温下会析出 TiCr$_2$，致使其延展性降低，因此，希望避免在此类合金中形成共析化合物。所有 β 共析型元素的特征就是在 α相中的固溶度低，如在 Ti-Cr 系（见图 2-13）中，Cr 的最大固溶度只有约 0.5%，因此，几乎所有的 β 共析型元素都进入到 β 相。第二种常使用的 β 共析型元素是 Fe，它甚至是比 Cr 更强的 β 稳定元素，Ti-Fe 系中的共析温度大约是 600℃。TIMET 合金"低成本 β"（LCB），即 Ti-1.5Al-5.5Fe-6.8Mo 证实，在商业钛合金中，当 Fe 含量增加到最大值 5.5% 时，可以避免金属间化合物的生成。例外的是，作为 β 共析型元素 Si，却希望它形成化合物，主要应用在高温钛合金中，此时形成的金属间化合物 Ti$_5$Si$_3$ 能改善合金的蠕变性能。

　　需要强调的是，大部分的商用钛合金都是多元合金，如前所述的二元相图仅能作定性指导，原则上应使用三元或四元相图。图 2-14 所示为 Ti-Al-V 系在高含钛区域 1000℃、900℃ 和 800℃ 的简略等温截面图。

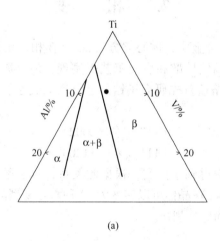

(a)

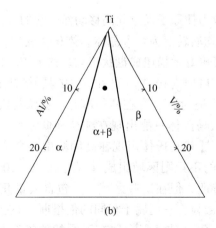

(b)

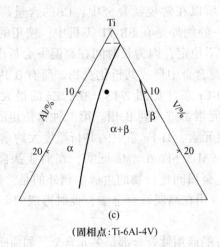

(c)

(固相点：Ti-6Al-4V)

图 2-14　Ti-Al-V 三元相图在 1000℃、900℃和 800℃的等温截面图

(a) 1000℃；(b) 900℃；(c) 800℃

2.7　相　变

在纯钛（CP 钛）和钛合金中，体心立方（bcc）β 相向密排六方 α 相的转变可发生在马氏体中，或通过控制晶核扩散和生长工艺来实现，但这取决于冷却速度和合金的组成。在 α 和 β 相之间，伯格斯首先研究了锆的晶体取向关系，因此以其名字命名为伯格斯关系：

$$(110)_\beta // (0002)_\alpha$$
$$[111]_\beta // [1120]_\alpha$$

这个关系在钛的研究中得到了证实。根据此关系，对于原 β 相晶体，由于有不同的取向，故一种体心立方（bcc）晶体可以转变为 12 种六方变型晶体。伯格斯关系严格遵循马氏体转变和常规的形核和生长规律。

2.7.1　马氏体相变

马氏体相变是因剪切应力使原子发生共同移动而引起的，其结果是在给定的体积内使体心立方晶格（bcc）微观均质转变为六方晶体。体积转变通常为平面移动，对大部分钛合金而言，或从几何角度可更好地描述成盘状移动。整个切变过程可简化为如下切变系的激活：$[111]_\beta(112)_\beta$ 和 $[111]_\beta(101)_\beta$ 或在六方晶中标记为 $[2113]_\alpha(2112)_\alpha$ 和 $[21 13]_\alpha$。六方晶马氏体标记为 α′，存在两种形态：板状马氏体（又称为条状或块状马氏体）和针状马氏体。板状马氏体只能出现在纯钛和低元素含量的合金中，并且在合金中的马氏体转变温度很高；针状马氏体出现在高固溶度的合金中（有较低的马氏体转变温度）。板状马氏体由大量的不规则区域组成（尺寸在 50~100μm），用光学显微镜观察时看不到任何清楚的内部特征，但在这些区域里，包含大量几乎平行于 α 板状的块状或条状（厚度在 0.5~1μm）微粒，它们属于相同的伯格斯关系变形体。针状马氏体由单个α 板状的致密混合体组成，每个致密混合体有不同的伯格斯关系变形体（图 2-15）。通常，这些板状马氏体有很高的位错密度，有时还有孪晶。六方 α′ 马氏体在 β 稳定剂中是过饱和的，在 α+β 相区域以上退火时，位错析出的无规则 β 粒子进入 α+β 相或板状边界的 β 相。

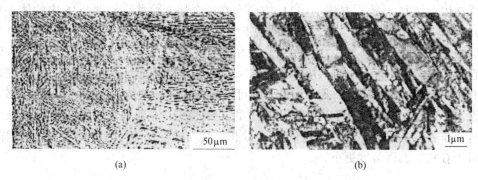

(a)   (b)

图 2-15　Ti-6Al-4V β 相区域淬火后的针状马氏体

(a) LM；(b) TEM

随固溶度的增加，马氏体的六方结构会变形，从晶体学观点看，晶体结构失去了它的六方对称性，可称为斜方晶系。这种斜方晶马氏体标记为 α″。根据固溶度的大小，一些含转变元素的二元钛系（表 2-6）的 α′/α″ 边界是呈平面形的。而对于斜方晶马氏体，在（α+β）相区域以上退火时，初始分解阶段，在固溶度低的 α″ 和固溶度高的 α″ 区域，似乎呈曲线似分解，形成一个有特点的可调节微结构。最后，析出 β 相（α″$_{贫}$+α″$_{富}$→α+β）。纯钛的马氏体初始温度（M_s）取决于氧、铁等杂质的含量，但大约在 850℃ 左右，它随着 α 稳定型元素，如铝、氧含量的增加而升高；随 β 稳定型元素含量的增加而降低。表 2-7 表明，一些转变元素的溶解量可使马氏体初始温度（M_s）低至室温以下。采用二元系的这些数值，对多元合金，可以依据 Mo 等效含量，建立一个描述 β 相稳定元素单独作用的定量原则，即 [Mo] 当量 = [Mo] + 0.2[Ta] + 0.28[Nb] + 0.4[W] + 0.67[V] + 1.25[Cr] + 1.25[Ni] + 1.7[Mn] + 1.7[Co] + 2.5[Fe]。值得注意的是，要想量化使用此方程，则需谨慎行事。尽管如此，它仍然是一个有用的定性评价工具，与罗森伯格（Rosenberg）导出的铝等效含量一样，人们可以对既定化学组成的某种合金的期待组元作出估算。

表 2-6　一些含转变元素的二元钛系 α′/α″（六方晶/斜方晶）马氏体边界的组成

α′/α″边界	V	Nb	Ta	Mo	W
Wt%	9.4	10.5	26.5	4	8
At%	8.9	5.7	8.7	2.0	2.2

表 2-7　二元钛合金中室温下保留 β 相时的一些转变元素的含量

项目	V	Nb	Ta	Cr	Mo	W	Mn	Fe	Co	Ni
质量分数/%	15	36	50	8	10	25	6	4	6	8
原子分数/%	14.2	22.5	20.9	7.4	5.2	8	5.3	3.4	4.9	6.6

　　尽管不涉及钛合金的任何实际应用，但应该提及的是，在许多钛合金中，都有马氏体转变受到抑制的问题，β 相淬火后，析出一种所谓的非热相——ω 相，ω 相以极细颗粒（尺寸在 2~4nm）均匀分布。普遍认为，在发生马氏体转变前存在一个前驱体，因为此非热转变在体心立方（bcc）晶格的<111>方向存在一个切变位移，如图 2-16 中的体心立方（bcc）晶格（222）面所示。从晶体学的观点看，非热 ω 相在富 β 稳定型合金中呈三角对称，而在斜方晶合金中则呈六方对称（非六方密堆结构）。从六方对称向三角对称的转变是随合金元素含量连续变化的。按体心立方（bcc）β 结构位错移动的观点，ω 微粒是一种具有可扩散性的共格晶面，其结构是一种可发生弹性变形的体心立方（bcc）晶格，也就是说，β 相内的位错移动可以阻断 ω 粒子的 4 种形变。在亚稳态（ω+β）相区域以上退火时，非热 ω 相长大，形成所谓的等温 ω 相，它与非热 ω 相具有相同的晶体对称性，但相对于 β 相，其固溶度更小。

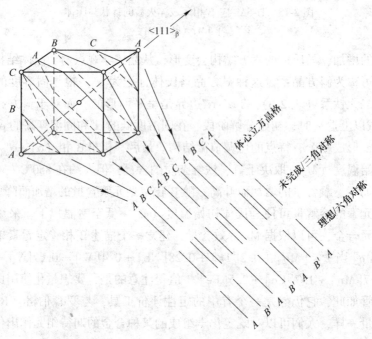

图 2-16　体心立方晶格（222）面发生 β→ω 转变的示意图

2.7.2　形核与扩散生长

　　当钛合金以极小的冷却速度从 β 相进入（α+β）相区域时，相对于 β 相而言，不连续的 α 相首先在 β 相晶界上成核，然后沿着 β 相晶界形成连续的 α 相层。在连续的冷却过程中，片状 α 相或是在连续的 α 相层形核，或在 β 相自身晶界上形核，并生长到 β 相晶粒内部而形成平行的片状 α 相，它们属于伯格斯关系的相同变体（又称为 α 晶团），它们不断地在 β 相晶粒内部生长，直到与在 β 相晶粒的其他晶界区域上形核并符合另一伯格斯关系变体的其他 α 晶团相遇，这一过程通常被称作交错形核和生长。个别的 α 相片状体会在 α 晶团内部被残留的 β 相基体分离开，这种残留的 β 相基体通常被错误地称为β 相片状体。α 和 β 相片状体也经常被称作 α 和 β 相层状体，所形成的微结构称为层状微结构。作为一个例子，如图2-17所示，针对Ti-6Al-4V合金，这些微结构可以从β相区域通过慢冷获得。通过此类慢冷获得的材料中，α晶团的尺寸可以大到β晶粒尺寸的一半。

在一个晶团中，α和β片状体之间的晶体学关系如图2-18所示。从图2-18中可以看出，$(110)_\beta$ // $(0002)_\alpha$ 和 $[111]_\beta$ // $[1120]_\alpha$ 严格遵循伯格斯关系，α相片状体的平面平行于α相的 (1100) 平面和β相的 (112) 平面。需要再次指出的是，这些平面几乎是等轴成形（环状成形），其直径通常被称为α片状体长度。

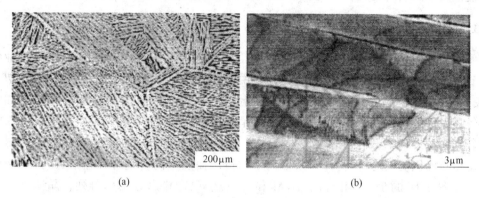

(a)　　　　　　　　　　　　　　(b)

图2-17　Ti-6Al-4V合金从β相区域慢冷时得到的层状α+β微结构
(a) LM；(b) TEM

随着冷却速度的加快，α晶团的尺寸以及单个α片状体的厚度都随之变小。在β晶界形核的晶团，无法填满整个晶粒内部，晶团也开始在其他晶团界面形核。为使总的弹性应力最小，新的α相片状体是以"点"接触的方式在已存在的片状α相表面成核并在与其几乎垂直的方向上生长。这种在晶团中少量的α相片状体的选择形核和生长机理，形成了一种较独特的微结构，称为"网篮"状结构或韦德曼士塔滕（Widmanstätten）结构。在确定的冷却速度下，这种"网篮"状结构经常可在含较高β相稳定元素，特别是含较低扩散能力元素的合金中观察到。需要指出的是，在从β相区域开始连续的冷却过程中，非连续的α相片状体不能通过β基相均质形核。

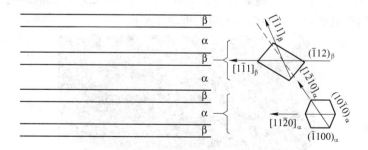

图2-18　在α晶团中α片状体和β基相之间的晶体学关系简图

2.8　硬 化 机 理

金属材料的4种不同硬化机理（固溶体硬化、高位错密度硬化、边界硬化和沉积硬化）中，固溶体硬化和沉积硬化适用于所有商用钛合金；边界硬化在 α+β 合金从 β 相区域快速冷却过程中起重要作用，它能减小 α 晶团尺寸而变成几个 α 相片状体或者引起马氏体相变。在这两种情况下，高位错密度也有助于硬化。需要指出的是，钛中的马氏体比铁-碳合金中的马氏体软，这是因为间隙氧原子只能引起钛马氏体中的密排六方晶格发生很小的弹性形变，这与碳和氮能引起黑色金属马氏体中的体心立方晶格发生剧烈的四方晶格畸变形成了鲜明的对比。

2.8.1   α 相硬化

间隙氧原子可使 α 相明显硬化，这可从含氧量在 0.18%~0.40% 间的 1~4 级商业纯钛（CP 钛）屈服应力值的比较中得到最好的说明。随着氧含量的增加，应力值从 170MPa（1 级）增加到 480MPa（4 级）。商业钛合金根据钛合金的类型，含氧量在 0.08%~0.20% 之间变化。α 相的置换固溶硬化主要是由相对于钛具有更大的原子尺寸且在 α 相中具有较大固溶度的铝、锡和锆等元素引起的。

α 相的沉积硬化是由于 Ti_3Al 共格离子的析出而发生的，此时合金中大约含 5% 以上的铝，（图 2-11 的 Ti-Al 相图）。Ti_3Al 和 $α_2$ 粒子以密排六方结构排列，晶体学上称为 DO_{19} 结构。由于它们的结构一致，它们会因位错移动而发生剪切，结果导致平面滑移和相对于边界的大量位错积聚。随着尺寸的增加，这些 $α_2$ 粒子变成了椭圆形状，长轴平行于密排六方晶格的 c 轴，由于氧和锡元素的存在，它们更稳定，这些元素可以使 $(α+α_2)$ 相在更高的温度下存在，此时，锡替代了 Al，而氧仍为间隙氧原子。

在 α+β 两相区域以上对 α+β 合金进行退火后，重要的合金元素发生分化，α 相中富集了 α 稳定元素（Al、O、Sn）。共格的 $α_2$ 粒子在 α 相中经时效析出，占据大量体积，例如，时效温度为：500℃（Ti-6Al-4V，IMI 550）、550℃（IMI 685），595℃（Ti-6242）或 700℃（IMI834）时。从图 2-19 所示，IMI 834 合金的暗场透射电子显微镜照片可以看到均质高密度的 $α_2$ 粒子在 α 相中的分布情况。

在纯 α 钛中，随着含氧量的增加，发现其微结构从波纹状滑移变化到平面滑移，同时伴随着共格 $α_2$ 粒子的析出。检测表明，氧原子对均质性无影响，但趋向于在短排列方向形成区域，同时也证明，氧和铝原子协同推动了平面滑移。

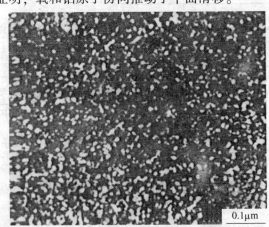

图 2-19 $α_2$ 粒子在 IMI 834 合金中的暗场透射电子显微镜照片（700℃时效 24h）

应该提及的是，对于商用钛合金而言，尽管时效调节微结构的作用有限，但它会使斜方 α″马氏体呈螺旋式分离，从而导致屈服应力急剧增加。这种形变结构可以看作是一系列非常小的密集沉淀，在此状况下进行时效处理，由于其尺寸和不匹配位错增加，无序而溶质富集区对位错移动的阻碍变得更强。由于存在大量的形变微结构区域，宏观上，材料表现得很脆，究其原因，是在滑移带中形变区域被破坏，微结构发生强烈扭曲，导致最大的 α″ 马氏体片状体中的第一滑移带也发生强烈扭曲，引起片状体边界的形核破坏。断口机理是微孔的聚合与长大，而不是分离。

2.8.2 β相硬化

传统意义上分析 β 相的固溶硬化是很困难的，因为亚稳态的 β 合金在快冷过程中，亚稳态的前驱体 ω 和 β′不能有效地从溶质中析出；并且，在完全时效后的微结构中，由于 α 相从溶质中有效析出，很难说清楚强化机理，此时，伴随着 α 相的析出，β 相固溶硬化的重要性要看合金元素的分配。在二元合金中，评价 β 相稳定元素 Mo、V、Nb、Cr 和 Fe 固溶硬化作用的一种方式就是检测晶格常数与溶质中错位晶格常数曲线的倾斜度，这些数据可在泊松（Pearson）手册中找到。从这些数据可以看出，倾斜度最大的是 Ti-Fe，接下来为 Cr 和 V，Nb 和 Mo 对晶格常数的影响较小。

β 相的沉淀硬化对增加商业 β 钛合金的屈服应力是最有效的。从图 2-20 所示的简易相图中可以明显地看出，β 钛合金中有两个亚稳态相——ω 和 β′。在这两种情况下，混溶区都分为两个体心立方相，即 β贫 和 β富，其主要的区别在于相对基体的体心立方晶格（β富），在同质无序沉淀中被扭曲的体心立方晶格（β贫）的数量。在高稳定元素含量合金中，被扭曲的体心立方晶格的数量值很小，亚稳态粒子被称为 β′，它为体心立方晶体结构；在低稳定元素含量合金中，沉淀过程中被扭曲的体心立方晶格的数量值更高，亚稳态粒子被称为等温 ω，从结晶学观点看，为密排六方晶格结构。

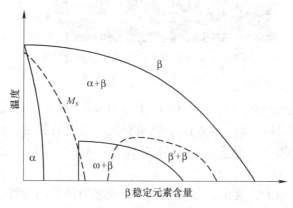

图 2-20　β 同晶型相图（简图）中的亚稳态（ω+β）和（β′+β）相区域

等温 ω 粒子呈椭圆形还是立方形，取决于沉淀/基体错位。低位错时，ω 粒子呈椭圆形，且长轴平行于 4 个<111>体心立方晶格的一个方向。作为一个实例，如图 2-21 所示，它是 Ti-16Mo 合金在 450℃下时效处理 48h 后得到的暗场透射电子显微镜照片，从照片中可以看出 4 种不同椭圆形 ω 粒子中一种的分布情况。较高位错时，ω 粒子呈表面平滑的立方形，且平行于体心立方晶格的 {100} 面方向，实例如图 2-22 所示，它是 Ti-8Fe 合金在 400℃下时效处理 4h 后得到的暗场透射电子显微镜照片。

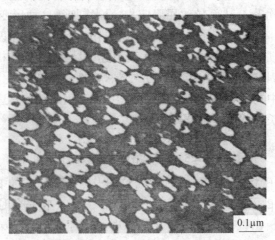

图 2-21　椭圆形 ω 析出的暗场显微镜照片
(Ti-16Mo 450℃，时效 48h，TEM)

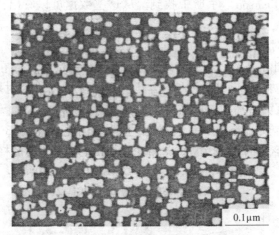

图 2-22　立方形 ω 析出的暗场显微镜照片
(Ti-8Fe 400℃，时效 4h，TEM)

　　β′的析出形态是变化的，它从在 Ti-Nb 和 Ti-V-Zr 合金中的球形或立方形转变为在 Ti-Cr合金中的片状形，同样地，这取决于位错和共格扭曲的数量。作为一个实例，如图 2-23所示，它是 Ti-15Zr-20V 合金在 450℃下时效处理 48h 后溶质中贫 β′析出的透射电子照片。

　　ω 和 β′两相是共格的，受位错移动剪切，形成强烈的局部滑移带，致使早期的形核破裂并降低延展性，因此，在商用 β 钛合金中，通常应避免形成这些微结构，为此，在稍高的温度下对商用 β 钛合金进行时效处理，以便在较合理的时效时间内，利用 ω 或 β′作为前驱体和形核体来析出非共格的稳定 α 相粒子。有时，需要采用一步时效处理。借助这些前驱体，有可能获得均匀分布的同质细晶粒 α 片晶，作为一个实例，如图 2-24所示，它是 Ti-15.6Mo-6.6Al 在 350℃，时效时间长达 100h 的初期 α 形核的透射电子显微镜照片。在商用 β 钛合金中，根据 α 片晶的分布和尺寸，法国的 CEZUS 开发出 β-CEZ 合

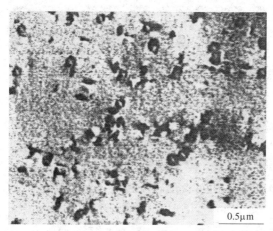

图 2-23　在 Ti-15Zr-20V 中的共格 β 粒子

（450℃，时效 6h，TEM）

金，在580℃时，推荐的实效处理时间是 8h，其透射电子显微照片如图 2-25 所示。这些 α 片晶也遵循伯格斯关系，片晶的平滑表面平行于 β 基体 {112} 面。正如前述和图 2-25 所示，从统计学角度看，并非所有 12 个可能的变量都能形核，因此，为了使所有的弹性应力最小，实际上，在 β 晶粒中，只有 2~3 个接近垂直的变量相互作用。

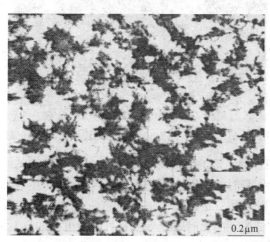

图 2-24　在 Ti-15.6Mo-6.6Al 的 β′粒子中析出的细晶粒 α 片晶

（350℃，时效 100h，TEM）

由于这些非共格的 α 片晶太细小，不会发生塑性变形，它们仅能看作硬的、潜在的可成形粒子，因此，具有此类微结构的 β 钛合金可获得很高的屈服应力，但这类合金的屈服应力也能很容易地降低，例如，通过采用两步热处理，就可以将其调整到所期望的数值。第一步是在 （α+β） 相区域高温下进行退火，以便析出所希望体积分数的大晶粒 α 片状体；第二步是在较低温度下进行时效处理，以减少细晶粒 α 片晶的体积分数。大晶粒 α 片状体比细晶粒 α 片晶对屈服应力的影响小，因为大晶粒能降低塑性。目前，根据强化机理，大晶粒 α 片状体仅适于边界强化，但对所有具有 α 相析出的微结构而言，在 α 相析出过程中，β 基体的位错密度增加了，因此，位错强化对屈服应力也有作用。

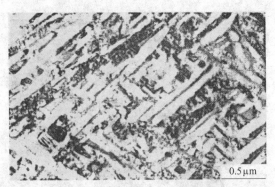

图 2-25　商用 β 钛合金 β-CEZ 中 α 片晶的尺寸和分布
（580℃，时效 8h，TEM）

　　α 相总是优先在 β 晶界上形核，并形成连续的 α 相层，尤其是 β 合金，细晶粒 α 片晶的强化提高了屈服应力的量级，这些连续的 α 相层对力学性能有害，作为此类微结构的 1 个例子，如图 2-26 所示的 β 合金 Ti-10-2-3。β 合金热变形工艺的主要目的就是要消除或降低连续的 α 相层对力学性能的不良影响。

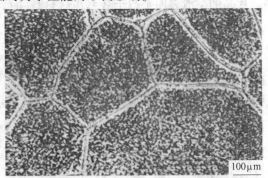

图 2-26　β 合金 Ti-10-2-3β 晶界上的连续 α 相层（LM）

　　在含有高含量 β 相稳定元素的 β 合金中，有时，通过常规的时效处理，要使 α 片晶均质分布是困难的，特别是时效温度在亚稳态两相区域以上时。究其原因，是在热处理温度与时效温度一致时，前驱体（ω 或 β′）的形成或 α 的形核非常缓慢，以至于不能完成，在这种情况下，采用在低温下的预时效处理，有可能使更多的 α 片晶均质分布，如图2-27

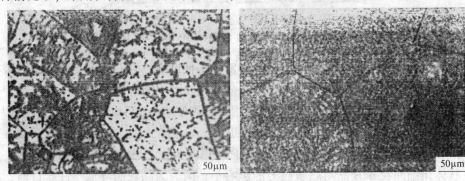

(a)　　　　　　　　　　　　　　(b)
图 2-27　预时效后 β 合金——β（Beta）C 中的 α 片晶分布效果（LM）
（a）540℃，时效 16h；（b）440℃，时效 4h+560℃，时效 16h

中所示 β 合金——β（Beta）C 中的 α 片晶分布效果。另外一种可能的方法就是在时效前先冷却，通过位错上的形核使更多的 α 片晶均质分布。

2.9 一些基本的物理化学性能

在大部分应用中，钛的物理性能、化学性能的重要性相对于其力学性能而言要小得多。值得一提的是，除其低密度以及形成表面氧化层，从而具有很好的耐蚀性能外，钛的大部分性能总体概括讨论。本节详细讨论包括扩散性、腐蚀行为和氧化性的部分基本性能。

钛及钛合金的一些基本性能，已分别列于表 2-1、表 2-2、表 2-3，其他选取的一些物理性能见表 2-8，并与其他的金属结构材料进行对比。列于表 2-8 中的高纯 α 钛的数值，与各种等级的商业纯钛（CP 钛）的性质没有明显意义的区别，这表明即便其含氧量高到0.40%，对其性能也只有轻微的影响。另外，如果将 α+β 合金 Ti-6Al-4V 和 β 合金 Ti-15-3与纯 α 钛相比，可以看出，它们的热导率和电阻率的变化十分明显，这些商用合金的热导率较低而电阻率较高，线膨胀系数和比热容只有轻微影响。热导率和电阻率都取决于密度和导电点子的分散程度。如图 2-28 所示，在二元钛合金中，随着溶质含量的增加，电阻率增加。从图 2-28 中还可以看出，有两个互为依存的分支，上面的分支包括了在 α 钛中趋向于有序排列的元素；下面的分支包括了趋向于互溶的元素（V、Nb）或完全中性的元素（Zr）。应该指出的是，氧属于上面的分支，因为含氧量为 0.40% 的 4 级商业纯钛（CP 钛）的电阻率为 $0.60\mu\Omega \cdot m$（热传导率为 17W/(m·K)）。另外，在表 2-8 中给出了钛合金的电阻率，有的 β 钛合金已表现出了具有超导行为。

表 2-8 钛及钛合金与其他金属结构材料的物理性能比较

元　　素	线膨胀系数 /$10^{-6}K^{-1}$	热导率 /$W \cdot m^{-1} \cdot K^{-1}$	比热容 /$J \cdot kg^{-1} \cdot K^{-1}$	电阻率 /$\mu\Omega \cdot m$
α 钛	8.4	20	523	0.42
Ti-6Al-4V	9.0	7	530	1.67
Ti-15-3	8.5	8	500	1.4
Fe	11.8	80	450	0.09
Ni	13.4	90	440	0.07
Al	23.1	237	900	0.03

将钛与其他的金属结构材料相比，可以看出，钛的线膨胀系数要低，因此，对于强度与密度比要求高、热膨胀低的应用领域，钛是一种很不错的选择。例如，航空发动机的外壳和汽车发动机的连杆等。遗憾的是，由于钛的价格高，钛连杆仅用于高性能、高价格的车辆上。需要指出的是，α 钛的线膨胀系数在 c 轴的平行方向比垂直方向要高 20%，这对高织构的 Ti-6Al-4V 材料用于连杆材料显得很重要。

钛的热导率比 Fe、Ni 和 Al（表 2-8）要低得多，这使其对加工工艺的冷却速度、热处理温度及热处理时间等有影响。从表 2-8 中可以看出，钛与其他金属相比，有高的电阻率，这限制了它作为导电体的应用；从表 2-8 中还看出，钛与其他金属相比，其比热容为同一数量级。

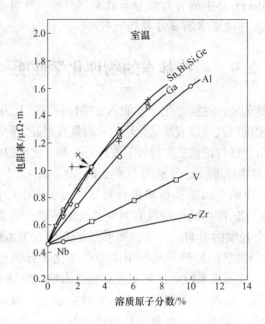

图 2-28　二元钛合金的电阻率

与其他金属结构材料相比，钛的比刚度（强度与密度之比）的优势已归纳在表 2-3 中，如对（α+β）钛合金，屈服强度为 1000MPa，密度为 4.5g/cm³，这一优势对于屈服强度值达 1200MPa 的高强度 β 合金并没有太明显的增加，因为大多数的 β 合金都含有像 Mo 一样的重金属元素，使得合金密度增加了约 5%，如 β 合金——β（Beta）21S，其密度值高达 4.94g/cm³。

2.9.1　扩散性

间隙合金元素和代位合金元素在钛 α 相和 β 相中的扩散速率以及自扩散速率很重要。许多生产工艺，如固溶和时效热处理，热加工和再结晶温度等都与扩散有关。在许多应用方面的性能，如蠕变、氧化行为和氢脆等，也都与扩散有关。

很多扩散数据都是在钛商业化的最初 20 年测定的，这些数据很好地被记载于 1974 年由周卫柯（Zwicker）用德文撰写的钛书籍中。1987 年，刘（Liu）和韦尔斯（Welsch）针对广泛使用的 Ti-6Al-4V 合金，对 α 和 β 钛中氧、铝和钒的扩散系数进行了文献综述，指出扩散数据分散的真正原因是所采用的测试方法所致。在出版的综述文章中，尤其是针对 α 相，介绍了新的扩散数据以及对扩散的新理解。

部分以阿累尼乌斯（Arrhenius）关系形式给出的扩散系数如图 2-29 所示。从图 2-29 中可以看出，β 相中钛的自扩散大约比在 α 相中的自扩散快 3 个数量级（见图 2-29 中的 β-Ti 和 α-Ti 线）。代位元素在 β 相中的扩散速度比钛的自扩散速度有可能慢也有可能快。Al 和 Mo 是慢扩散元素组中的实例，如图 2-29 所示。其他属于这一组的重要合金元素，V 和 Sn 与 Al 相似，而 Nb 位于 Al 和 Mo 之间。在快扩散元素组中，Fe 作为实例表示在图 2-29中，Ni 的扩散速度甚至要稍快，而 Cr 和 Mn 的扩散速度介于 Fe 和 β-Ti 自扩散之间。根据 β 钛中测定的氧的不同扩散速度，参考文献中给出了上部曲线，如图 2-29 所示，下部曲线的倾斜度（活化能）似乎太大了。

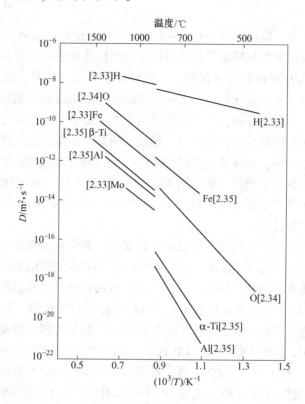

图 2-29 钛的自扩散阿累尼乌斯（Arrhenius）图
和各种合金元素在 β 和 α 钛中的情况

从 α 钛的扩散数据看，测得氧的扩散数据几乎一致，图 2-29 中已很好地建立起了氧线变化。铝在 α 钛中的扩散数据有限，只有分散的部分数据，大部分数据的位置与氧线靠近，如图 2-29 所示。代位元素的扩散速度通常较高，已建立起 Fe、Ni 和 Co 等扩散元素的线性关系，它们在 α 钛中的扩散速度极高（见图 2-29 中的 Fe 线），这可用这些元素的间隙扩散机理来解释。如果测试材料中的铁杂质含量正常，那么这种快速间隙扩散机制也能增加自扩散的空位扩散速度和铝在 α 钛中的扩散。测试含 Fe、Ni 和 Co 杂质的超高纯 α 钛时，发现自扩散的扩散速度很低，而铝在 α 钛（图 2-29）中的扩散特点表现为扩散受空位扩散控制。除铝外，Zr、Hf、Au、In 和 Ga 也是常规的扩散元素（适用于空位机理），其扩散变化与图 2-29 中的铝线接近。尽管 Cr 和 Mn 的扩散比 Fe、Ni 和 Co 低两个数量级，但它们或许与 Fe、Ni 和 Co 一样，属快速扩散元素（适用于间隙机理），如它们依据空位机理，则扩散得更快。

应该再次强调的是，代位元素在 α 钛中的扩散数据，很显然与材料中铁杂质的含量密切有关。对于商用钛合金，这种作用对于铝在 α 相中的扩散尤为重要。

间隙元素氢在 β 相以及 α 相中都表现出很高的扩散速率（图 2-29），因为氢脆的作用，氢会对应用于水中或潮湿气体环境，特别是对于高静载荷（应力腐蚀裂纹）或疲劳载荷（疲劳腐蚀）情况下的钛合金造成严重影响。

2.9.2　腐蚀行为

在金属的电位序中，钛的标准电位为 -1.63V，与铝相近，因而，钛本质上不能被看作是一种贵金属；但在大多数环境下，钛有优异的耐蚀性能是众所周知的，这是因为在其表面会形成一层由 TiO_2 组成的稳定保护膜。只要保护膜保持完整，通常，在大多数的氧化环境中，如盐溶液，包括氯化物、次氯酸、硫酸盐和亚硫酸盐或硝酸和铬酸溶液中，钛表面都处于钝化状态。另一方面，钛在还原环境中并不耐腐蚀，此时自然形成的氧化膜会被破坏，因此，钛在还原环境中，如硫酸、盐酸、磷酸中的耐腐蚀性并不好，例如，钛在氢氟酸中的溶解速度很快，这主要是因为这种酸会破坏氧化层，使金属钛暴露而发生反应，这也就是为什么在钛生产过程中采用 $HF-HNO_3$ 的混合物，通过化学反应来酸洗钛的原因。商业上，钛在许多还原气氛下使用时，可以通过添加抑制剂（氧化剂）来改善钛氧化膜的稳定性和完整性。

在室温下的流动海水中，钝化后的钛非常耐腐蚀，其电位与哈氏合金（Hastelly）、因康（Inconel）合金、蒙乃尔（Monel）合金和钝化奥氏体不锈钢相接近。此外，钛通常不含有氧化物、碳化物和硫化物，因此，钛比上述提到的这些材料都具有更好的抗腐蚀性。

（α+β）钛合金和 β 钛合金也具有非合金钛的优异耐腐蚀性能。从经济角度出发（成本、成形性、可焊性），在不要求较高强度的情况下，各个等级的商业纯钛（CP 钛）是首选。在还原性酸中，2 级商业纯钛（CP 钛）的耐蚀性可通过添加少量的贵金属而明显改善，例如，添加 0.2%Pd，变为 7 级商业纯钛（表 1-4），或少量添加 0.3% Mo+0.8% Ni，变为 12 级商业纯钛（表 1-4）。从表 2-9 中可以看出，2 级商业纯钛（CP 钛）与 7 级和 12 级合金相比，在有限的酸浓度下，腐蚀率大约为 $125\mu m/a$。表 2-9 中摘录的数据来自于柯维顿（Covington）和斯楚兹（Schutz）发表在《TIMET》上的文章，更详细的数据可从金属手册《Metals Handbook》中查找。表 2-9 的数据还表明，在三种酸的最高极限浓度下，其耐腐性排名分别为含 0.2%Pd 的 7 级，之后为 12 级，最后为商业纯钛（CP 钛）2 级。加入 0.2%Pd 可以使酸的腐蚀电位升高（正极），使表面保护氧化层更稳定，在稀浓度还原酸中完全钝化。

表 2-9　还原酸中腐蚀速度为 $125\mu m/a$ 时 2 级商业纯钛（CP 钛）与
7 级和 12 级合金的酸浓度（质量分数）极限值　　　　　　（%）

酸	温度	2 级	7 级	12 级
HCl	24℃	6	25	9
	沸腾	0.6	4.6	1.3
H_2SO_4	24℃	5	48	10
	沸腾	0.5	7	1.5
H_3PO_4	24℃	30	80	40
	沸腾	0.7	3.5	2

斯楚兹（Schutz）对还原酸环境中的高强度 α+β 和 β 钛合金的常规耐蚀性能进行了研究，其结果表明，含有大于 3%Mo 和 8%Zr 的合金有极优异的耐蚀性能，V 的重要性很小，当含 Al 量超过 3%时会变得有害。表 2-10 给出了 a + β 合金 Ti-6Al-4V 和各种 β 合金

在沸腾的 HCl 中，腐蚀率为 $125\mu m/a$ 时，发生由激活向钝化转变的酸浓度。从表 2-10 中也可看出，含有 15%Mo 的 β 合金 β（Beta）21S 在还原酸环境下表现出最优异的耐腐蚀性，但如果在高强度的时效条件下使用，它的一些优势也就丧失了。

表 2-10　在沸腾的 HCl 中 Ti-6Al-4V 和各种 β 合金腐蚀速率为 $125\mu m/a$ 时发生由激活向钝化转变的酸浓度

合　　金	退火条件（HCl）/%	时效条件（HCl）/%
Ti-10-2-3		0.08
B120VCA	0.10	
Ti-15-3	0.12	0.08
Ti-6-4	0.12	0.13
β-C	1.1	0.87
β-21S	5.0	1.5

如上所述，在不掺杂的条件下，钛因有表面保护氧化膜，通常其耐点状腐蚀的能力很强。耐点蚀的情况可以通过电化学的阳极击穿电位或再钝化电位测定。商业纯钛（CP 钛）和各种钛合金在沸腾的 5%NaCl 溶液中的再钝化电位（也称临界点电位 $E_{点蚀}$）见表 2-11。从表 2-11 中可以看出，商业纯钛（CP 钛）有最高的电位值（6.2V），因此，通过比较，认为它的耐点蚀能力最强。尽管表 2-11 中所列合金的电位值较低，但钛合金仍然被认为能抗点蚀，因为其再钝化电位值高于 1V。表 2-11 中的数值也表明，一些 β 合金（包括 β-C 和 β-21S）要比（α+β）合金 Ti-6Al-4V 具有更好的抗点蚀性能。

表 2-11　商业纯钛（CP 钛）、Ti-6Al-4V 和各种 β 合金退火条件下在沸腾的 5%NaCl 溶液中的再钝化电位（也称临界点电位 E_{pit}）

合金	2 级 CP-Ti	Ti-6-4	Ti-15-3	B120VCA	β-21S	β-C
再钝化电位（Ag/Ag/Cl）/V	6.2	1.8	2.0	2.7	2.8	3.0

当温度超过 75℃ 时，钛在氯化物、氟化物，或含硫酸的溶液中经常发生腐蚀，这种腐蚀称为裂隙腐蚀。在裂隙腐蚀中，还原酸性条件下，由于氧的溶解量很小和受溶液体积的限制，耗氧量随着 pH 值降低至 1 或 1 以下时而增加。图 2-30 所示为在 NaCl 富盐溶液中，不同等级的钛（表 1-4）在不同 pH 值和温度下的裂隙腐蚀情况。从图 2-30 中可以看出，通过增加 0.3Mo+0.8Ni（12 级）或者增加 Pd（7 级），2 级商业纯钛（CP 钛）的抗裂隙腐蚀性能能够得到改善。Ti-6Al-4V 的抗裂隙腐蚀性能类似于 2 级商业纯钛（CP 钛），而 β 钛合金中的 β-C 和 β-21S 在大部分腐蚀环境下表现出了更好的抗裂隙腐蚀性能。

腐蚀环境和施加的应力可能会引起一些重要力学性能的降低。如果形核破裂延伸到试件表面，那么，拉伸力肯定会减少，延伸到表面的裂纹会传递到一定的载荷条件下（应力腐蚀裂纹），疲劳载荷时，相对于中性环境，表面裂纹能扩散和在低应力下广泛传递（腐蚀疲劳）。

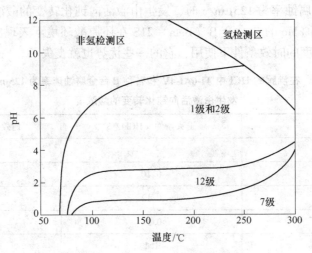

图 2-30　温度和一定 pH 值下在 NaCl 富盐溶液中
不同等级钛的裂隙腐蚀（在阴影区的腐蚀）

　　氢是扩散最快的元素（图 2-29），也是对应力作用环境最有害的物质（氢脆）。通常，氢有两种可能的来源，即材料的内部含氢和从环境的外部吸氢。钛内部含氢的影响可通过严格限制含氢量而得到很好的控制，如商业纯钛（CP 钛）和钛合金中，最大含氢量可控制在（125~150）×10^{-6}，然而，目前牵涉的与氢相关的问题仍会发生在材料的尖锐断口处。

　　如果表面的滑移梯度高于氧化膜保护层的厚度，那么，外部环境下的氢可通过位错移动迅速进入材料内部，此时，滑移带内的氢浓度能达到很高的水平，致使滑移带内的应力断口被还原，导致早期形核破裂和裂纹扩展。对于密排六方 α 相，这种由氢诱导的裂纹在基面上发生是很明显的，而对于（α + β）钛合金，由于其对晶体织构的明显影响，致使相关的力学性能呈数量级显著降低也是很明显的。裂纹为何完全沿基体面发生的原因尚不清楚，相对于 α 和（α+β）合金而言，β 钛合金对氢脆则不那么敏感，尤其是在退火条件下，这可能得益于时效条件下较高的 α 相体积分数的减少。与 α 相相比，β 合金的高耐氢性还得益于 β 基体的体心立方晶体结构和氢在 β 相的较高固溶度。

2.9.3　氧化性

　　钛暴露于空气中形成氧化物 TiO_2，它是四方晶系的金红石晶体结构。氧化层经常被称为"膜"，它是一种多类型的阴离子缺陷氧化物，通过氧化层，氧离子能够扩散。反应前沿位于金属/氧化物界面，"膜"不断长大，进入钛基体材料。钛快速氧化的驱动力是钛对氧有很高的的化学亲和力，此亲和力比钛对氮的化学亲和力高。在氧化反应过程中，钛对氧的高亲和力和氧在钛中的高固溶度（大约 14.5%），促使了"膜"和临近基体富氧层的同时形成。由于富氧层是连续稳定 α 相的氧化层，故它被称为 α-块。正如前文中提到的，增加的氧含量强化了 α 相，改变了 α 钛的形变行为，使其从波纹状滑移到平面滑移模式转变，因此，硬的、较小延展性的 α-块在拉伸载荷下易形成表面裂纹。在疲劳荷载条件下，表面局部的低延展性和大的滑移相互作用，会引起整体延展性的降低或早期形核裂纹，因此，传统钛合金的高温应用范围被限制到低于大约 550℃。在 550℃ 以下，通过"膜"（氧化层）的扩散速度是很慢的，这足以阻止过量的氧溶解在大块材料中，避免了毫无意义的 α-块的形成。

为了减少氧通过"膜"的扩散速度，通过研究不同的合金添加元素发现添加 Al、Si、Cr（大于 10%）、Nb、Ta、W 和 Mo 等能改善其特性。这些元素或者形成热力学稳定氧化物（Al、Si、Cr）或具有化合价大于 4 的化合物，如 Nb^{5+}。通过置换 TiO_2 结构中的 Ti^{+4}，铌减少了阴离子所占空位的数量，因此也就降低了氧的扩散速度。基于这种情况，发明出了一种成分为 Ti-15Mo-2.7Nb-3Al-0.2Si（表 1-4）的 β 钛合金薄板（β-21S）。这种 β 合金有很高的抗氧化性，但与（α+β）高温合金 Ti-6242 和 IMI 834 相比，它的高温强度和抗蠕变性都较低，但可在较低扩散速度下，通过增加铝的含量改善其性能，因为铝能形成一个致密的、热力学上稳定的 α-Al_2O_3 氧化物，结果在 TiO_2 表面氧化层下方，"膜"由 TiO_2、Al_2O_3 等多种不同的混合物组成，其简图如图 2-31 所示。

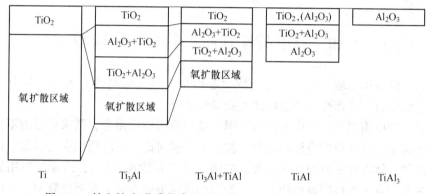

图 2-31　钛和钛-铝化合物中通过氧化层和氧扩散区域层的截面简图

在"膜"中增加 Al_2O_3 的体积分数，能够提高钛-铝化合物（如 Ti_3Al 或 γ-TiAl 基合金）的抗氧化性（图 2-31）。Al_2O_3 的数量随铝浓度的增加而增加，大约在 Al 摩尔分数为 40% 时，Al_2O_3 层变成连续的，其结果是 γ-TiAl 表现出比 Ti_3Al 基合金具有更好的抗氧化性。这是因为，高温下 TiO_2 在钛合金中并不稳定；Al_2O_3 层在 Ti_3Al 表面并不连续（图 2-31），而 Al_2O_3 层在 γ-TiAl 中表面是连续的，并且在更高温度下是稳定的。这种抗氧化性的改善可用于开发传统的表面涂层钛合金，如 IMI 834，它在 550℃ 以上仍可应用。目前已研究了许多不同的涂层，如 Pt、NiCr、Si、Si_3N_4、Al、MCrAlY、硅酸盐、SiO_2、Nb，但最理想的还是 Ti-Al 涂层。图 2-32 所示为高温合金 Ti-1100 的情况。尽管 TIMET 公司不再生产这种合金，但结论仍是有价值的，因为 Ti-1100 在 700℃ 时表现出了与 IMI 834 类似的氧化行为。从图 2-32 可以看出，Ti-Al 涂层比 Si、Pt 涂层表现出了更好的抗氧化性，甚至 Ti-Al 涂层材料在 750℃ 时表现出了比未涂层材料 6000℃ 时更好的抗氧化性。

抗氧化性的一个特殊例子就是抗着火性和抗燃烧性。在正常的大气空气环境下，所有钛合金都能抗着火和抗燃烧，但在特殊条件下，例如，在飞机发动机的汽轮压缩机（高压、高速气体）情况下，许多钛合金都可着火和燃烧，这些特殊性质将在后续详细讨论。

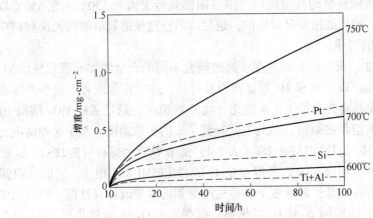

图 2-32　相对于 750℃（长划线）的涂层 Ti-1100 材料
在不同温度下的氧化行为

2.10　钛的特殊性质和其他一些应用

钛的第一组应用领域至少与钛的一种"非传统"性质或特性有关，这其中包括超导性、形状记忆能力、阻燃性、吸氢性能及脱氢性能等。

钛也有一些应用需求，其中大多数正因市场的原因应运而生，需求可以由不止一类的合金材料来满足，在这里按应用领域而非按合金类别讨论这些应用也会更有效。这一组中包括汽车部件、体育设施及与外观相关的应用（珠宝和建筑设计），后面的应用类别中有些是由一些非同寻常的性能进行组合，因为当前钛在消费者眼中享有的魅力，其他应用是可行的，但从性价比的角度看，并不是总能严格支撑的。

2.10.1　超导性

超导性是昂内斯（Onnes）在 1911 年首先发现的。当时他发现，当冷却到足够低的温度（约 4K）时，水银几乎完全失去电阻率而且基本上能传导无限大的电流，电阻随温度的变化如图 2-33 所示，昂内斯把这种电阻消失的现象称为超导性。这种显著的特性后来通过其他的纯金属如铅、锡、铟得到证实。就每种金属来讲，从正常行为到超导行为的转变温度是不同的，但在所有情况下，这个温度都很低，仅为数 K 的数量级。超导现象在物理文献中一直有着广泛的研究和深入的讨论，但材料工程师却不太知晓，所以，在此将对与超导行为有关的基本特性作简要的评述和总结。

如前所述，超导现象是一种在非常低的温度下发生于许多金属材料中的电阻率随着温度急剧降低并在某一临界温度（T_c）基本上变为零的现象。超导状态的纯金属，其与所传导电流相关的内部磁场在相当低的电场下穿透材料并破坏了超导特性。当有一外场（包括与电磁体相邻的导体所产生的）存在时，这种转变在临界磁场（H_c）及临界电流强度（I_c）下发生，后面两个临界参数，即 H_c 和 I_c，使得用超导体获得高场强电磁体是不可能的，即使原则上能携带非常大的电流并伴生强磁场的超导体也不行。1933 年，又发现了另一种与超导性有关的效应，即处于超导状态的材料可以从超导体的内部排斥磁场，因而表现出极强的反磁行为（磁化率约为1）。到1933年，人们还在期望这个电场会被根据法拉第定律产生的表面涡流捕获在导体内部，但这种预期是错误的，这种在临界电场中对磁场的排斥突然发生又完全可逆，这种产生完全反磁状态的磁场排斥被称为迈斯纳效应（Meissner effect）（也被称为迈斯纳-奥克森菲尔德效应（Meissner-Ochsenfeld effect）），所观测到的可逆性也使得热力学可应用于超导转变，因为超导状态可以作为一种物质状态处理。

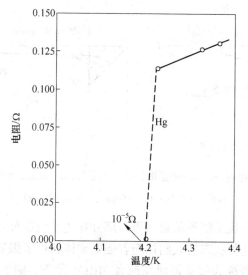

图 2-33 汞的电阻随温度变化的关系
（表明电阻实际消失温度约为4.2K）

大多数纯金属在一个适度的临界场（H_c）中丧失其超导性，并同时失去完全抗磁性，当$H>H_c$时，它们不再拥有高抗磁性，不再是超导体，这些金属被称为Ⅰ型超导体，这种性能可用磁化-外加场曲线（图2-34）解释。图2-34（a）表示的是导体携带无限电流而没有磁通排斥的关系，图2-34（b）表示的是产生Ⅰ型超导性的磁通排斥效应，当外加场低于H_c时，内场B为零，材料是超导的。

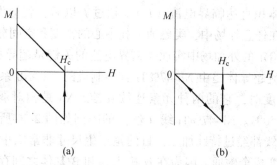

图 2-34 磁化（M）与外加场（H）间的关系
（a）无限电流；（b）有磁通排斥的Ⅰ型超导体（迈斯纳效应）

除纯金属外，低温下某些合金也表现出由普通电导率状态向超导状态转变的性质，这其中许多合金的转变并不像Ⅰ型超导体那样剧烈，而且某些超导行为在较高的外加场中仍然得以保留，这种行为是超导材料和普通材料混合的结果，它们总结于图2-35中。由图

2-35 中可见，临界磁场（H_c）被两个临界磁场值（H_{c_1} 和 H_{c_2}）取代，表现出这种行为的超导体被称为 II 型超导体。II 型超导体最先由谢普尼科夫（Schibnikow）于 1930 年在苏联报道的数种铅合金中发现，但没有引起广泛关注，直到 20 世纪 60 年代，才对 II 型超导行为有了广泛的认识，这是一种存在于 H_{c_1} 和 H_{c_2} 之间的混合状态，借此可以证实昂内斯待认定的高强磁场。

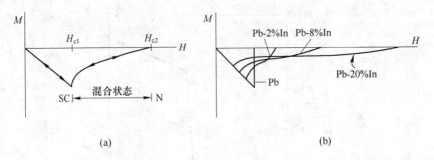

图 2-35　在 H_{c_1} 和 H_{c_2} 间存在混合状态的 II 型超导体的磁化随外加场的变化情况

(a) 一般图解；(b) Pb-In 合金中的实际曲线

　　II 型超导体中的混合状态使外部磁场得以部分穿透，但这种穿透在材料体积内部并不均匀。如前所述，正是这种状态使人们伴随着强电磁体获得了强磁场在粒子加速器、基于核磁共振的医学成像（现称为磁共振成像或者 MRI）设备、储能装置和实验性的磁悬浮列车获得应用。现在，这些装置中的大部分都是以超导磁铁为基础的，其线圈是由 Ti-Nb 合金、纯 Nb 和/或纯 Cu 细丝制成的。

　　在混合状态，材料包含一个称之为全磁通的具有线性特征的阵列，该阵列嵌入超导基体内，每一个全磁通都可以被看成是有正常电导率（与超导性相反）的中心处有材料的圆筒形区域，且该区域已经被外部磁场穿透。全磁通彼此相斥，它们的轴变得像一个规则的二维阵列或点阵一样分布，全磁通的半径限定了阵列平面，通过应用许多试验技术作出了全磁通点阵的图像，并进而证明其存在。在混合状态下，II 型超导体以热力学有利的超导状态保持其大部分体积直达临界电流（I_c），超过 I_c 以后，就会发生磁场的完全穿透，超导性就不存在了。在任意外场中，类磁通钉扎中心的密度和空间分布与临界电流之间存在着关系，因此，在给定的外加场中实现高临界电流的关键是超导材料的微结构。目前，最流行的低温、高电流超导体是由 Nb-47%Ti 合金制成的，Ti-Nb 系是一种 β 类质同晶结构，在高于 β 转化温度时，它的两种元素连续互溶，Nb 是相对弱的 β 稳定剂，因此，Nb-47Ti 的转变约在 450℃。Nb-47%Ti 线（丝）的阵列如图 2-36 所示，更高倍率的阵列如图 2-37 所示。每根线都经过特殊加工，目的是产生尺寸非常细小的高度拉伸 α 相析出物。这些 α 相析出物变成全磁通，因为在 α 析出物和 β 基体之间存在着由于合金元素分配所致的组分差异，这些位置是固定的，可自动地满足锁定全磁通的要求。超导导线的加工流程基本上是粗锻，接着冷拔，然后在 350~375℃进行时效处理以析出均匀分布的 α 相析出物，最后再拉拔，使这些析出物产生高度定向的分布。冷加工的 α 相析出物形成了高密度的形核位置，最大临界电流性能的平衡全磁通间距取决于外场，最佳间隔随着磁场的增强而减小，例如，在 5 特斯拉的外场中，最佳间隔约为 20nm，很显然，在 Ti-Nb

合金线生产过程中，从化学成分均匀的锭子开始是很重要的，这对 Ti-Nb 合金是一种挑战，因为两种元素的熔化温度不同。尽管加工 Nb-47Ti 合金超导丝需要极其小心，但这种合金的加工是可行的，因为这种合金在全 β 状态下延展性很好，即便在形成 α 相析出物之后，它仍然有很好的延展性。这是因为析出物的体积分数仅约 25%，这种实际好处使 Nb-47Ti 合金可为超导电磁铁所用。比较起来，还有一种金属间化合物 Nb_3Sn，实际上它具有更高的临界电流值，但加工成导线并绕进磁铁非常困难，因此它的实际使用非常有限。目前，生产相对紧凑的 5~10 特斯拉超导电磁铁的能力，已经使人们能够开发和生产医学成像装置和离子加速器，没有这种能力，这些都是不可能的。

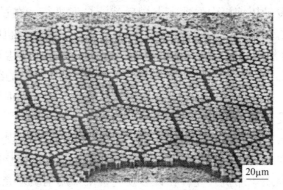

图 2-36 装配在 Cu 基体中的 Nb-47Ti 丝线的超导体 SEM 照片
（由俄亥俄州立大学 E. W. Collings 提供）

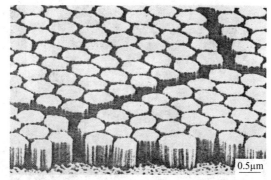

图 2-37 单根 Nb-47Ti 丝线图 10.4 更高倍率的 SEM 照片
（由俄亥俄州立大学 E. W. Collings 提供）

最近，有一些人为地把钉扎中心引入到超导材料中的尝试，采用的手段是把 Ti-Nb 机械地装配到 Nb 环形区内部，并把此装配件拉拔到期望的超导丝尺寸之下，用这种方法制作的材料已被称为人造钉扎中心（APC）材料，虽然从实验室生产的材料中已经获得了一些振奋人心的结果，但大概因为加工技术差，仍有许多令人失望的结果报道，看来 APC 材料的生产将比用常规加工方法生产 Ti-Nb 合金需要更加小心，这种额外的小心将会转化为高成本。

也有一些正在进行的尝试是用钽，部分或全部取代超导线中的 Nb，但这些都还仅仅是实验室规模的研究。很显然，由 Nb-47Ti 线制成的超导电磁铁的有效利用，已经使成像技术和离子加速器技术方面的主要装置都取得了进步。

有一类新的以复合氧化物为基础的高温超导体，其中之一是 Y-Ba-Cu-O，这些超导体的 T_c 值高于 90K，这意味着它们可以在液氮中而非液氦中工作。尽管这些材料或许有一天会取代 Ti-Nb 超导体，但在实现更高的临界电流和临界场强以及克服由复合氧化物的脆性造成的加工挑战面前，这似乎是不太可能的。

2.10.2　阻燃性

当 Ti 和氧结合时会发生很强的放热反应，这个反应在大气压和氧分压的空气中不能像在 Mg 中一样自发进行，镁一旦点燃就很容易燃烧，然而，在高温、高压和高质量流量条件下，例如在喷气发动压缩机中的钛，点燃后就能自发进行，在过去的 30 多年里，就有无数的喷气式发动机中钛燃烧的例子，典型的起因是旋转式压缩机叶片对静态的钛部件（叶片或外壳）产生强烈的摩擦或者松动的压缩机叶片对钛壳体产生冲击，一旦点燃，燃烧就会传播到其他钛部件，并对发动机产生破坏，图 2-38 所示的是经历钛燃烧后的一个军用发动机压缩机段，可以看到压缩机壳体已经被火完全烧裂。有时候，大火甚至可能蔓延到机身，引起飞机受损和给机组人员带来很大的危险，特别对于引擎包含在机身内且离机组人员、机身和机翼执行装置非常近的军用飞机，这样的危险尤其容易发生。钛燃烧已经引起很大的关注，对发动机设计作出了很多重大变革，尽力将燃烧的危害降到最低，其中的措施有停止使用钛质压缩机外壳，在许多发动机中采用钢质外壳或者在钛质外壳上涂覆一层维腾合成橡胶（Viton™），后者是一种附着性的高弹性橡胶，能最大限度地减少新钛暴露在压缩机内的高压、高速气流中。

图 2-38　军用飞机引擎压缩机段钛燃烧烧裂后的外壳照片

近年来，一些研究项目研发不像钛合金那样容易起火的新合金，这些尝试一直将研究重点放在鉴别对燃烧较不敏感的合金组成上，另有一些鉴定测试方法的开发计划，即对合金阻燃倾向作定性的排序。

2.10.2.1　钛燃烧现象学

在飞机发动机中，钛着火的过程及随后产生的破坏可认为按下列四个阶段发生。

第一阶段：第一阶段是钛的引燃，这被定义为取决于下列因素组合的持续燃烧：局部燃料（钛）数量、从外源输入能量的速率和水平、氧化反应的熵、吸收能量局部熔化的出现、氧化剂（此时为高压空气）的有效性、任何可能发生的固/液化学反应、改变钛

"燃料"表面积与体积比的几何形状等。

第二阶段：第二阶段是钛燃烧蔓延到其他下游的可燃部件。这取决于许多因素，主要是燃烧产物的数量和温度、其他下游可燃部件（例如钛）的存在、燃烧产物的体积校正热焓、氧的供应、"自热"反应发生的可能性、燃烧产物传播的距离等。

第三阶段：这一阶段涉及燃烧产物从安全壳（通常为压缩机箱体）中的释放。决定第三阶段发生的难易程度因素包括保护壳材料性能，如热容、热导率、熔化温度和强度随温度的变化；所有在第二阶段重要的因素在这里也是非常重要的；由于第三阶段的影响范围取决于保护壳的破裂，因此安全壳内的压力也是很重要的。

第四阶段：这一阶段包括钛燃烧造成的对其他部件的二次损坏。在此阶段，影响二次损坏的因素包括关键部件的相对位置、保护壳的体积校正热焓、关键部件的热容及其热量、关键部件的燃烧性以及所有在第二阶段重要的因素。

认识钛燃烧的各个阶段以及倾向于导致这样一种事件（包括其严重性）的影响因素，就可以通过设计使这种可能性最小，很显然，既定钛合金的固有可燃性是不能改变的，但是通过把先前提到的各种因素都考虑在内的有效设计可以使钛燃烧出现的概率降低。

2.10.2.2 降低燃烧危险的合金选择

在过去的几十年间，有若干重要尝试致力于开发防火钛合金，目前已有几种专用钛合金，看来比现有经常用于喷气引擎合金的着火敏感性要低得多，这些合金包括 C 合金（Ti-35V-15Cr）、BurTi（Ti-25V-15Cr-2Al-0.2C）和 Ti40（Ti-25V-15Cr-xSi）等，它们分别由美国、英国和中国开发出来。基本上可采用两种试验方法来评估钛合金的阻燃性，第一种（1 型）是在合金上滴落一滴熔融金属并观察反应；第二种（2 型）是在氧逸度受控的条件下（可以是流速、压力或密闭舱内的氧分压），引燃合金棒末端，此时需要测量的是在火熄灭前，钛合金棒的消耗量。基于前面讨论的四个阶段，第一种测试方法与第二阶段的关系更密切，而第二种测试方法则与第一阶段关系密切。

钛燃烧热力学分析表明，下列反应对理解合金组成和可燃性效应间的关系很重要：

$$Ti(l) + O_2(g) === TiO_2(l)$$
$$4/3Al(l) + O_2(g) === 2/3Al_2O_3(s)$$
$$4/3V(l) + O_2(g) === 2/3V_2O_3(s)$$
$$4/3Cr(l) + O_2(g) === 2/3Cr_2O_3(s)$$

式中，g、l 和 s 分别表示气态、液态和固态；每个反应的自由能用 kJ/mol 表示，分别是 -517、-632、-410 和 -360，因此，倾向于较少的 Ti、无 Al、多 Cr 或 V 的合金组成，这与第一阶段局部点火期间减少热量释放是相吻合的。2 型测试方法中的点火条件试验表明，当 Ti-6Al-4V 与一种阻燃合金比较时，点火的压力和温度值更高。C 合金和 Ti-6Al-4V 间的具体比较如图 2-39 所示。因此，由阻燃钛合金制成的压缩机箱体与 Ti-6Al-4V 外壳相比，可减少燃烧的风险，或者假如用它代替钢质壳体，可减少发动机的重量，两个结论都具有吸引力，但是阻燃合金的附加成本特别高。

阻燃钛合金还没有得到广泛应用，主要原因是因为它们的成本较高，将阻燃合金设计到发动机中的决定取决于重量需要减轻的程度等因素，可能性更大的是将这类合金用于军用发动机。这是因为，通常军用发动机的重量更重要，并且以成本换重量更值得。

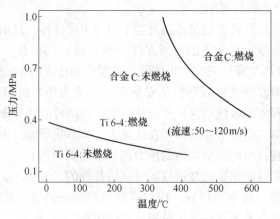

图 2-39   一种对 Ti-6Al-4V 阻燃合金燃烧的温度压力组合改进的情况

2. 10. 3   储氢

前面已讨论过，钛具有吸收氢的亲和力，在 α 合金中，这种亲和力表现为相对低的溶解度和氢化钛相 TiH$_2$ 的伴随生成，这使得合金很不适于储氢。因为它限制了单位体积钛合金所能储存的氢量。而且，与氢以固溶体形式存在于其中的材料相比，钛合金对氢的吸收和逸出都要困难得多。然而，钛基储氢系合金仍然有吸引力，因为用钛作为储存基体的热力学可行性以及钛的轻质性能。因此，一直持续尝试来开发钛基储氢介质，直到最近，这些努力都集中于金属间化合物 TiFe 和 TiMn，这些化合物的另一特点是非常脆、极易破碎。由于氢的吸收速率和逸出速率是表面反应和体扩散相结合的结果，因此粒状介质具有吸引力，因为它的表面积与体积的比值高，且最大扩散距离被限制在约为最大颗粒尺寸的一半。

氢动力车在环保方面有吸引力，因为他们是完全零排放的。事实上，美国国家邮政局曾在 20 世纪 80 年代用几辆氢动力车投递邮件，这些车用氢作为燃料，在一个未经优化的内燃机内燃烧，不幸的是，这种之后出现的经济问题使得人们对这种技术的兴趣迅速减小。这种现实性强烈地受到低油价的影响，以及当前对汽车和卡车排放的 NO$_x$ 和 CO$_2$ 极小经济惩罚的影响，同时，即使是一个最小氢气供应系统的成本也会很高。随着研制燃料电池装置的复苏，由于该装置能通过氧和氢的结合发电，使人们对氢作为燃料又有了新的兴趣。实验用燃料电池动力车目前已在运行，但是广泛接受这种车的障碍还相当大。这些车是电动的，不需要汽油发动机，与当前生产的混合动力车类似。基于能源可靠的燃料电池，要求能很便利地获得氢，原则上，这种氢可以从汽油或者其他碳氢燃料如甲醇或柴油中获得，但实际上，从碳氢源中提取氢需要一套催化重整装置，用以分裂碳氢分子从而释放出氢和其他副成品，这里需再次说明，这种重整工艺已有了实证，但是所涉及的典型催化剂都含高含量的贵金属，主要是 Pt 和 Pd，这种催化剂都有明显的附加成本问题。寻找更低成本、更有效催化剂的工作还在继续，但是目前还没有看到任何实际解决的方案，因此，广泛使用燃料电池作为电能的重要来源看来还有很大一段距离。尽管如此，燃料电池是紧凑的、高效的和无排放的，因为简单和小巧，它们长期被应用在宇宙飞船中，燃料电池可能还有其他的市场定位，如果实现这种可能性，就需要一个安全、可靠的（否则买不起）氢来源，此时，钛基储氢装置将会极有魅力。同时，由于氢作为燃料来源是市场经济的选择，那么，关于储氢就有一些重要的技术问题有待讨论，因此，近几年期刊中的储氢论文集就作为证据记录了正在进行的基础研究，这些最近的研究都集中在 Ti-V-Cr-A1 类合金上，研究者主要关注的是可以被吸收的氢量，以及吸收和解吸过程随基体的组成、加工工艺、使用过程、基体平均吸氢时间和随后的耗氢时间等动力学变化参数，发现之一是在许多使用周期之后，吸氢能力会发生变化，这与基体微结构方面的变化有关，但是许多问题仍然悬而未决。考虑到氢对常规钛合金，如 Ti-6Al-4V 结构公认的影响，这也就不足为奇了。考虑到钛基储氢装置的成本，在预期市场有任何重大的接受能力之前，这种寿命限制问题必须得以解决。当然，钛基储氢仍然是一个有吸引力的选择，至少在经济问题被解决之前仍具有吸引力。

2.10.4 形状记忆效应

形状记忆合金具有很独特的性能，在对它们进行塑性变形之后，仍然能够恢复它们本来的形状，这种变形后在较低温度下的回复在数百摄氏度的温度范围内重复发生，这种几何形状的可逆性被称为形状记忆效应（SME）。基于化合物 TiNi 成分的合金具有形状记忆效应已经很多年了，最早的形状记忆合金可以追溯到 1950 年，是基于 AuCd 的合金。可发生可逆应变的温度范围对合金的组成很敏感，但很容易实现 −150 ~ +150℃ 之间的 SME。当组成和温度条件适宜时，这类材料可在大的应变范围内表现出弹性变形能力，后叙的特性被称作超弹性行为。目前，SME 合金中的 TiNi 类位于最广泛应用之列，由于这个缘故，下面论述了对形状记忆合金的简短讨论以及钛基形状记忆合金的应用，讨论从引起 TiNi 内形状记忆效应的机理描述开始，以几种形状记忆合金应用实例结束。

2.10.4.1 形状记忆效应现象

化合物 TiNi 具有 bcc B2（CsCl 原型）结构，当冷却到马氏体相变开始温度（M_s）之下时，发生马氏体转变，形成单斜 B19（AuCd 原型）结构，如图 2-40 所示。马氏体是内双晶的，根据马氏体的结晶学理论，使用标准术语，双晶代表晶格恒定变形模式，图 2-41 的 B 部分显示了这些孪晶。当变形时，马氏体去孪晶，如图 2-41（c）所示，使得形变相当于孪晶的体积分数乘以孪生切变，在 TiNi 内，这种可逆的形变相当于高达 8% 的剪切应变。如果含变形（非双晶）马氏体的材料被再次加热到图 2-40 所示奥氏体的转变开始温度（A_s）以上，马氏体开始变得不稳定，并且回复到母相 B2 相，当发生这种情况时，起始部件的原来形状被恢复，如图 2-41（a）所示，这种可逆的马氏体相变是形状记忆效应的基础，不仅在基于 TiNi 的化合物中如此，在各种各样基于 Cu、Au、Ag 和 Fe 的其他合金中也是如此。

TiNi 合金中的母相 B2 在低于称为马氏体变形开始温度（M_d）的临界温度时是不稳定的，如果 TiNi 形状记忆合金在高于 A_s 但低于 M_d 的温度内变形，那么材料在应力作用下转变成形变诱导的马氏体，但是当载荷去除后，马氏体又回复到母相（奥氏体），这就可以实现非常大的、完全可回复的应变。因为应变是完全可回复的，材料的行为就如同是完全弹性的，但弹性模量极低，由于这个原因，这种行为被称作超弹性。在其他一些文章中对超弹性现象进行了更为详细的描述，在此，提到这种效应赋予形状记忆合金独特的具有工

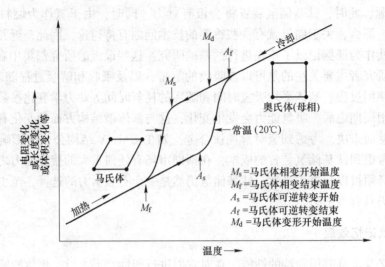

图 2-40   TiNi 合金在冷却和再加热过程中转变顺序示意图
(同时给出马氏体转变起始温度)

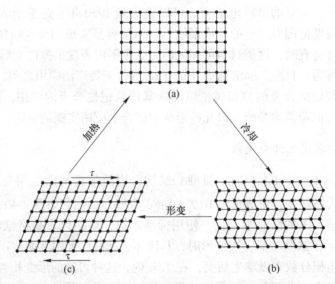

图 2-41   从奥氏体向马氏体的转变以及在变形过程中
当马氏体去孪晶时发生的形状变化
(a) 奥氏体；(b) 孪生马氏体；(c) 变形马氏体

程重要意义的性能就足够了。

在 TiNi 内也有一种称为 R-相转变的马氏体前驱体效应，这与马氏体转变不同，且可以说明在形状记忆条件下最大的可逆应变值约为 1%。R-相转变也会导致超弹性，大冢 (Otsuka) 对 TiNi 基合金的 R-相转变作了详细的讨论，总体上，具有较大吸引力的是与形变诱导马氏体相关的较大可回复应变。

与图 2-40 和图 2-41 描述的机械循环和热循环相关的应变可逆性是在一次性时间内运行的，因此被称作 "单向" 形状记忆效应。如果用一种特殊的方法处理材料，那么，形变过程中在奥氏体形成和马氏体形成之间取向关系的可能变化只是部分发生，在这种情况下，马氏体的形成也导致形变。很显然，在这些情况下，在热循环期间当温度高于和低于 M_s 和 A_s 时，形变就变得可逆，这种热循环过程中的形状可逆性被称作"双向"形状记忆效应。这表明用一种称之为"培训处理"的特殊形变热处理就可以把这种能力赋予形状记忆合金。

总之，TiNi 基合金中的形状记忆效应是在形变过程中可逆马氏体转变与马氏体去孪晶耦合的结果，这个体系中的形状记忆效应是可能的，原因是与这种转变相关的一些重要的冶金性能，包括一个内双晶的马氏体产物、一个伴随体积变化很小从而温度滞后极小的转变、一个既有实际意义又低到足以使马氏体或者奥氏体的竞争分解反应不存在或者非常缓慢的转变温度范围。

先前对于形状记忆合金基本行为的讨论表明这种效应可以用于各种各样的器件——如果形状记忆效应发生的温度范围具有实际意义的话。为了扩大这个温度范围，已经花了相当大的努力了解精确合金组成（Ti/Ni 比以及填隙杂质含量）对 M_s、M_d、M_f、A_s 和 A_f 温度的影响，也进行了向 TiNi 中添加 Cu、Pd、Pt 和 Fe 等第三组元以考察对这些临界温度影响的类似研究。在这点上，研究表明含 Ni>50%（原子百分数）的合金具有非常强的 M_s 组分依赖性，如图 2-41 所示，这使得可再现 M_s 温度值的 TiNi 合金工业量级生产很困难且成本不经济。此外，当在足够低的温度（使用中有可能碰到，如 400℃）进行时效处理时，富 Ni 合金是不稳定的。长期的暴露使析出物得以生成，并伴随着 A_s 温度的很大增加，如图 2-42 所示，这种材料性能上的变化可促使基于形状记忆效应的器件不能服务。

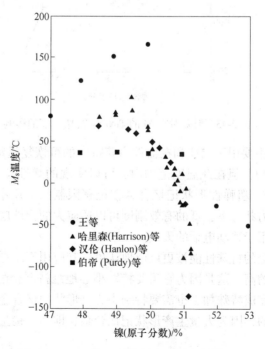

图 2-42　NiTi 的 M_s 温度随组成的变化情况

这个简短总结的目的不是要对 SME 合金组成及其性能作出详尽的描述，而是要引起对这类钛基材料的重视，并就这种新材料行为作出阐述。

2.10.4.2　形状记忆合金的应用

上述讨论表明形状记忆合金有四种应用领域或者应用类型，这取决于形状记忆效应被利用的方式，包含以下方面。

（1）自由恢复。该应用有利于物体被重新加热到中温时恢复其原来的形状。这种应用基本上是从与形状恢复有关的运动中获益，或许 TiNi 合金中最实际的 SME 应用是用作可在人体内撑开以维持血管内血液流动的血管扩张器（支架），一个这样的支架是部分散开的 TiNi 网支架，该支架在低温下是坍缩的，但它有一个稍微低于体温的 M_s 温度，因此植入人体内部以后能够扩张；另一例子是 TiNi 合金用于眼镜框架，当它不小心被弯曲后可以"自矫直"；再一个 TiNi SME 线的应用，是用在女性的内衣上，以保持特殊形状，例如在洗烫后能恢复原形状，这些应用是"单向"形状记忆效有效利用的一些例子。时效对富 Ni 的 TiNi 合金 M_s 温度的影响，如图 2-43 所示。

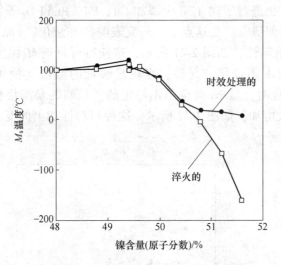

图 2-43　时效对富 Ni 的 TiNi 合金 M_s 温度的影响

（2）超弹性器件主要用于储能和在器件内获得大的可恢复运动，这种应用局限于 M_d 和 A_s 之间的温度区间内，但在此温度范围内，可以实现的弹性位移是一个可比较的钢质弹簧所能实现的 15 倍。超弹性形状记忆合金在位移限制的应用中也有最好的疲劳能力，这是因为在很低的应力状态下，低的有效刚度可以适应大的弹性应变。超弹性形状记忆合金一个熟知的应用是用于移动电话的天线。

随着形状记忆合金的特殊性能被更广泛地认可，其应用不断增加，形状记忆合金的价格将总会比普通金属的高，这是因为它需要特别小心地维持严密的组成控制，就"双向"形状记忆合金而言，完成特殊加工也需要特别小心。形状记忆合金是有限量使用的，从某种意义上讲这是幸运的，因为大量生产形状记忆合金，即用大锭生产，将有极大的挑战。

3 我国钛工业发展状况

3.1 钛加工材

表 3-1 和图 3-1 是 1995~2006 年我国钛加工材的年产量。

表 3-1　1995~2006 年我国钛加工材年产量　　　　　　　　　　（t）

年份	1995	1996	1997	1998	1999	2000	2001	2002	2003	2004	2005	2006
产量/t	1386	1500	1753	1534	1687	2233	4720	5482①	7080	9292	10135	12000
年增率/%		8.2	16.9	-12.5	10.0	32.4	113.4	16.1	29.1	31.2	15.5	18.4
五年总和/t				8707					36709			

①含部分改轧量。

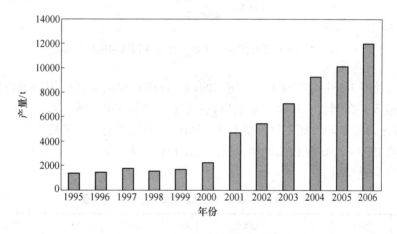

图 3-1　1995~2006 年我国钛加工材年产量

从表 3-1 和图 3-1 中可以看出："十五"时期与"九五"时期相比，钛加工材的产量增加了约 3.2 倍，"十五"时期总和达到了 36709t，中国已成为一个钛加工材的生产大国；2001 年钛加工材的产量比 2000 年增加了 113.4%，达到 4720t，翻倍增幅的背景是1999~2000 年，在国家的主导下，开展了打击钛材走私的活动，有效地抑制了伪劣钛材的无组织输入，从而使中国国内的钛材生产得到恢复性增长。中国经济的持续增长，使化工、冶金等行业对钛加工材的需求大幅增加；"十五"期间，钛加工材的年生产量持续高于海绵钛的年生产量，表明当时国内的海绵钛供应量还有很大缺口。2005 年，这个缺口约为 5000t，2006 年，缺口已达 14000t。

表 3-2 及图 3-2 是我国生产的钛加工材在各领域的应用情况。

表 3-2　2003～2006 年我国生产的钛加工材在各领域应用情况

行业		化工	航空航天	船舶	冶金	电力	医药	制盐	海洋工程	体育休闲	其他（含出口）
2003 年	比例/%	36.9	11.1	1.0	1.6	0.9	0.6	5.8	0.2	24.3	17.6
2004 年	比例/%	41.9	9.7	2.0	2.1	4.6	1.0	2.5	0.3	18.8	17.1
2005 年	比例/%	27.7	15.2	1.2	5.1	1.4	0.5	13.6	0.6	20.9	13.8
2006 年	比例/%	38.6	9.7	2.1	2.0	2.5	0.5	4.3	0.6	23.5	16.2

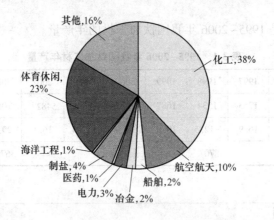

图 3-2　2006 年我国生产钛加工材在各领域的应用情况

从表 3-2 及图 3-2 中可以看出，一定时间内，国内钛材的主要应用领域是化工、体育休闲、航空航天，在制盐、其他（含出口）、冶金、船舶、电力等领域也有一定比例。由于 2004 年以来海绵钛和钛加工材价格上涨，2005 年的化工用钛量明显下降。

表 3-3 是 1998～2005 年我国钛加工材的进出口量，表 3-4 是 2004～2005 年我国钛加工材按品种细分的进口量。

表 3-3　1998～2005 年我国钛加工材的进出口量

年份	1998	1999	2000	2001	2002	2003	2004	2005
进口量/t	946	1401	1298	2240	2962	3787	4197	5700
出口量/t	1534	1059	795	972	860	1108	1310	2513
净进口量/t	-588	342	503	1268	2102	2679	2896	3187

表 3-4　2004～2005 年我国钛加工材按品种细分的进口量

名称	棒/t	丝/t	小于 0.8 mm 板/t	大于 0.8 Mm 板/t	管/t	其他/t	总计/t
2004 年	701.5	106.1	855.9	885.9	1474.9	173.1	4197.4
2005 年	603	103	1029	729	2978	258	5700
增减/%	-14.0	-2.9	20.2	-17.7	101.9	49.1	35.8

从表 3-3 中可以看出：整个"十五"期间，我国是一个钛加工材的净进口国；2001
年以来，我国钛加工材的进口量、净进口量都在大幅上升，出口量也大体呈上升趋势，
2005 年，中国钛加工材的进口量、出口量和净进口量分别达到 5700 吨、2513 吨和 3187
吨，均创历史最高纪录。

从表 3-4 中可以看出，无论是管、板、棒、丝等钛加工材，我国皆需较大的进口量，
虽然我国的一些企业，如宝钛集团等，已能出口一些规格的钛加工材，但总体上说，我国
进口的钛加工材，主要为国内较难生产的、技术含量较高的产品，而出口的钛加工材，则
是技术含量较低的产品。以管材为例，我国出口的基本上都是老工艺生产的无缝管，而进
口的绝大部分都是国内难以批量生产的薄壁钛焊管。

图 3-3 所示是我国历年钛加工材的产量。

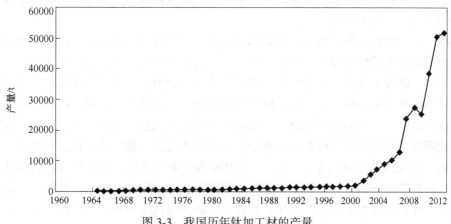

图 3-3　我国历年钛加工材的产量

事实上，我国钛加工材行业的发展从 20 世纪 50 年代初至今，经历了 60 多年的坎坷
历程，与海绵钛发展同样经历了创业期、成长期和爆发期三个阶段。

1954~1978 年，大致可称为创业期。这段时间里，在国家的统一领导下，中国进行了
钛勘探、采选、冶炼、加工、应用的技术研究及工业试验；建立了以遵义钛厂和宝鸡有色
金属加工厂为代表的钛冶炼、加工骨干企业，实现了钛的产业化；建立了钛勘探、采选、
冶炼、加工、应用和研究完整的钛工业体系，为国家许多重点国防工程和国民经济的发展
提供了急需的钛制品。

1979~2000 年为成长期。这段时间里，我国钛工业在钛冶炼、加工、应用技术和新合
金开发方面开展了大量的工作，取得了很大的技术进步；进行了富有开创性的钛及其合金
的应用推广工作；以现代企业制度为目标，国有企业逐步开始改革改制，民营企业开始进
入钛应用和钛加工领域；大量的钛制品在国民经济的各个部门得到较为广泛的应用。总
之，成长期的 22 年，中国钛工业的进步是渐进而扎实的，为新世纪的腾飞打下扎实的
基础。

2001 年以后为爆发期，21 世纪，中国钛工业伴随着国民经济持续快速发展，获得了
爆发性增长。以 2000 年中国海绵钛产量 1751t、钛加工材产量 2206t 为基数，2012 年，中
国生产海绵钛 81451t，12 年增长了 45 倍；2012 年中国生产钛加工材 51557t，12 年增长了
22 倍。目前，遵义钛业股份有限公司海绵钛的产能和产量均超过万吨；宝钛集团钛锭产

能达 20000t/a，实际生产钛加工材也超过 10000t；中国已拥有了两个世界级的钛工业大
厂。钛加工材在化工、航空航天、体育休闲和电力等行业获得广泛应用，2012 年中国实
际消费钛材 43013t，已是一个产钛用钛的大国。

　　由于钛锭是钛加工材生产的瓶颈，因此，我国钛行业主要以钛锭的产能来衡量钛加工
材的产能。通过上述钛锭的产能变化也可以看出，经过 10 余年的发展，我国钛锭的产能
已比 2002 年增长了 8.4 倍，产能达到 103800t。

3.1.1　我国钛加工材生产企业情况及进出口分析

　　正如前所述，我国钛加工业的发展经历了三个阶段，在第一阶段的创业期，主要有沈
阳有色金属加工厂、宝鸡有色金属加工厂、上钢三厂、上海有色所和北京有色院等几家国
有厂院单位开始钛加工材的研发和试制工作，年产量在百吨左右，主要面向军工等领域生
产急需的钛及钛合金加工材。

　　在第二阶段的发展期，由于军工需求量的不足，国有几家钛加工企业开始向民用化
工、冶金和制盐等传统领域推广钛加工材，在国务院和全国钛办的大力支持下，经过 20
多年的发展，建成了钛及钛合金熔炼、锻造、开坯、热轧、冷轧等主要加工工序及装备，
形成了钛及钛合金板、棒、管、带、丝等产品系列，并在纯碱、氯碱、冶金、制盐和电力
等民用行业得到了广泛的推广和应用，钛材的产量也从过去的百吨提高到千吨级的水平，
一般工业用钛及钛合金加工材在产品质量、产量和产能方面都得到了很大的提升。

　　在第三阶段的爆发期，随着国民经济的快速发展和国际航空业的复苏，我国钛加工业
迎来了高速发展的时期，在此阶段，国内的原国有钛加工企业纷纷引进国外的先进钛加工
设备，完善各自的钛加工产业链布局，面向今后的高端钛应用领域，以此来分享中国经济
高速发展的"盛宴"。民营企业在此阶段也得到了迅速发展，在陕西、辽宁和江苏地区新
上了近百家中小型民营企业，以来料加工协作的形式完成钛加工产品的生产，在化工、冶
金等中低端民用领域进军钛市场。

　　在第三阶段，由于国营企业均是采取钛加工全产业链布局的方式来进行投资，而民营
企业则采取投资少、风险小的来料加工协作的方式进行投资，因此在一般工业领域，民营
企业占有较大的优势，而在质量要求高、风险大、成品率低的高端宇航、船舶和医疗等领
域，国营企业则占有一定的优势。

　　图 3-4 所示是 2002～2012 年我国钛加工材的进出口量。

　　在我国钛加工业第一阶段的创业期，钛材由于被国外封锁，几乎没有进出口贸易。在
第二阶段的发展期，钛材的进出口贸易由于苏联解体，钛材以不同的方式从各个口岸大量
进口，对我国薄弱的民族钛工业的发展产业了很大的冲击，致使中国钛工业在 20 世纪 90
年代发展缓慢，市场花费了近 10 年的时间，才消耗掉从独联体进口的大量钛材；第三阶
段的爆发期，随着国际航空及中国化工领域的需求急需增长，钛加工材进出口贸易开始大
幅活跃，在进口方面，由于国内电力行业大发展，从日本和美国进口了大量的滨海电站以
及核电领域使用钛焊管，进口量每年平均在 3000～5000t；石化领域的板式换热器用钛带
材也因行业未国产化而大量进口。在出口方面，由于国内江苏民营企业无缝钛管的低成本
生产，因此这些年，钛无缝管的出口量稳定在千吨以上的水平，由于国内原料和加工的低
成本，在一般工业用钛棒、板和钛制品方面，国内钛加工企业的出口量呈上升态势。

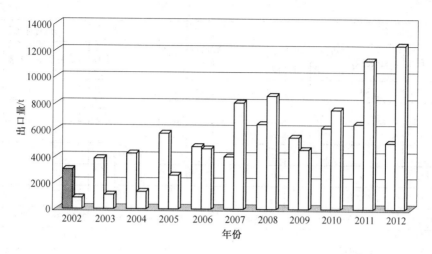

图 3-4　2002~2012 年我国钛加工材的进出口量

3.1.2 我国钛加工材需求情况分析

2006 年，中国共生产钛加工材 12807.6t，销售 13913.26t，库存 703.14t，净进口 72t，实际国内的总需求量为 13985.26t。2006 年，我国钛及钛合金加工材产品在不同领域的销售量及所占比例见表 3-5。从表中数据可以看出，化工仍是中国钛加工材第一大用户，第二大用户是体育休闲业，第三大用量是航空航天业。

表 3-5　2006 年中国钛加工材产品在不同领域的销售量　　　　　　　　　（t）

| 厂家 | 总量 | 化工 | | | | | | | 航空航天 | 船舶 | 冶金 | 电力 | 医药 | 制盐 | 海洋工程 | 体育休闲 | | | | 其他 |
		石化	氯碱	纯碱	无机盐	化肥	染料	其他								高尔夫	眼镜	手表	其他	
1	4960	450	1012	810	101	51	51	152	500	101	101	253		101		810		101		366
2	413		78	42					175	38	13		9	13	20	25				
3	1066								122.8			0.9					21			871.4
4	1527	150	200	500					360								6			311
5	1800			600						50	150		50	100		500		150		200
6	1200	200	100		100									100		400		100		200
7	56.6	17							9			30.6								
8	785	5							80							700				
9	500								50							450				
10	40								40											
11	450	75	20	130			25		40					120	40					
12	300	30							60					80				10		120
13	196	48	5	65		10		10				15	7	20						16
14	150	40	30		32		2					38		6	2					

续表 3-5

厂家	总量	化工							航空航天	船舶	冶金	电力	医药	制盐	海洋工程	体育休闲				其他
		石化	氯碱	纯碱	无机盐	化肥	染料	其他								高尔夫	眼镜	手表	其他	
15	120	30		30					2	5	15	10	8							20
16	102				35										25					42
17	40.9		40.9																	
18	80													40						40
19	60						60													
20	32.3															15.3				17
合计	13879.1	5336.9							1338.8	294	279	347.5	74	580	87	2900.3	27	351	10	2253.6
所占比例/%		38.6							9.7	2.1	2.0	2.5	0.5	4.3	0.6	20.7	0.2	2.5	0.1	16.2

（体育休闲所占比例合计：23.5%）

2006 年中国钛加工材生产量细分见表 3-6、与 2005 年的比较见表 3-7。2006 年我国钛加工材类型细分如图 3-5 所示。

表 3-6　2006 年中国钛加工材生产量细分　　　　　　　　　　（t）

厂家	钛加工材								合计
	板材	棒材	管材	锻件（含饼）	丝材	铸件	新品	其他	
1	2500	1300	720	120	20	32		268	4960
2	163	117	37	72			2	22	413
3		581.5	73.2	96.5				315.1	1066.3
4	6	11	31	5	0.5	3.1			56.6
5		977	78	168	202	102			1527
6	1800								1800
7	1200								1200
8						785			785
9						500			500
10						40			40
11			450						450
12			196						196
13		4.6	36.3						40.9
14			150						150
15		100	200						300
16			102						102
17		7			25.3				32.3
18			60						60
19			120						120
20			80						80

续表 3-6

厂家	钛 加 工 材								
	板材	棒材	管材	锻件 (含饼)	丝材	铸件	新品	其他	合计
合计	5669	3098.1	2333.5	461.5	247.8	1462.1	2	605.1	13879.1
比例/%	41	22	17	3	2	11		4	100

表 3-7 2005 年、2006 年中国钛加工材产量比较 (t)

年份	板材	棒材	管材	锻件	丝材	铸件	其他	合计
2005	5041.2	756.1	1721.6	262.3	47.9	884.6	1412.7	10135.4
2006	5669	3098.1	2333.5	461.5	247.8	1462.1	607.1	13879.1
变化/%	12.5	309.7	35.5	75.9	4.17	65.3	-57	36.9

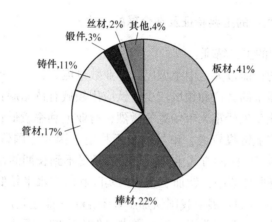

图 3-5 2006 年我国钛加工材类型细分

从表 3-6 和表 3-7 的数据可以看出,2006 年中国钛板材的生产量有较大增加,钛棒材、管材、锻件、丝材、铸件有大幅增加。宝钛股份的钛材产量近 5000t;宝钢股份特殊钢分公司的钛材产量已超过 1000t,达 1066.3t;自西部钛业成立以来,西北有色金属研究院的钛材加工能力迅速扩张,产量已达 1527t,成为中国钛加工材的重要生产单位。

图 3-6 所示是 2012 年我国钛材在各领域的需求分布。从图中可以看出,我国的钛材需求主要以化工为主,占总需求的一半以上,其次是电力、体育休闲和航空航天等领域,合计占总需求的三成以上。从近些年的发展情况看,我国在军工、体育休闲和医疗领域的钛材需求增长较快。

在中国钛加工业发展的第一阶段,钛材需求主要以军工为主,占总需求的 90% 以上;在第二阶段的发展期,我国钛材主要以化工、冶金、制盐和电力等一般工业需求为主,合计占总需求的 60% 以上;在第三阶段的爆发期,我国钛材在各个领域的需求均有大幅的增长,增速较快的领域为电力、航空航天、体育休闲和医疗等领域。

随着需求项目的减少以及国际金融危机，钛加工材的需求增速开始放缓，产能过剩的矛盾逐渐突出，我国钛加工业进入了过渡调整的时期。预计这一趋势还将维持一段时间，经过调整后的中国钛工业将向军工、民航、医疗和体育休闲等领域发展。

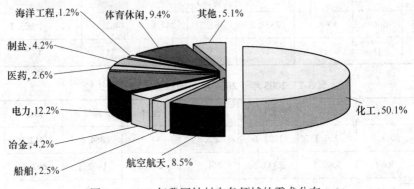

图 3-6　2012 年我国钛材在各领域的需求分布

3.1.3　我国钛加工材生产的主要特征及在全球的地位

我国钛加工材生产的主要特征：

（1）中低端产品的产能过大，中小型民营企业数量庞大；

（2）具有中长期需求的客户和领域较少，钛应用领域有待拓展；

（3）钛产品同质化现象严重，市场竞争激烈，行业毛利率较低；

（4）由于钛加工产业链投资大，市场需求不稳定，因此除国营企业外，大多数民营企业目前还处在来料加工协作的方式生产，产品质量得不到长期的稳定保证。行业内的订单多掌握在贸易商和流通环节中，钛加工企业的实际利润率水平较低，一般在 8% 左右。

经过 60 余年三个阶段的发展，我国钛加工业不论是产能还是产量，均处于世界首位，生产的钛材完全可以满足一般工业用钛材的需求，但在宇航、医疗、民航等高端领域的钛合金需求上，目前还处于劣势。

综合来看，经过多年的发展，我国已形成了钛工业较完备的生产、设计和科研开发体系，成为继美国、独联体和日本之后的第 4 个具有较完整钛工业体系的国家，但我国的钛工业，在生产原料、钛合金的生产工艺及质量认证方面，与美国等钛工业强国相比，还有很大的差距，要成为世界钛工业强国还有很漫长的路要走。

3.2　钛　装　备

所有的钛及钛合金加工材都必须进行进一步的深加工，或加工成零部件，或制作成设备才能发挥它的作用。我国钛材应用领域以民用为主，占 80% 左右，这些钛材全部制成钛设备以供使用。钛设备主要由专业制造企业制作，少部分由钛设备最终用户自己加工制作。专业的钛设备制造企业对我国钛工业的发展，对钛在民用领域的推广应用做出了重大的贡献。我国钛设备制造企业很多，规模和装备水平差别很大。国内目前只有十几家较具规模的钛设备制造企业具有数控车床、数控钻床和自动焊机。专业钛设备制造企业不仅能制作钛设备，用同样的装备也可以制作锆设备和耐蚀镍基合金等其他设备。

与钛产品不同，我国钛装备经历了两个阶段的发展过程，一个是创业期，一个是发展期。创业期也即是中国钛加工业的发展期，在这一时期，在国家的大力支持下，钛材在我国化工领域等一般工业领域得到了广泛应用，也使得我国钛装备制造业异军突起。经过30余年的发展，形成了近百家的生产企业，其中大中型企业有近20家。我国主要的钛设备生产企业有：

（1）宝钛集团有限公司；
（2）南京中圣高科技产业公司；
（3）南京斯迈柯特种金属装备公司；
（4）南京宝泰特种材料有限公司；
（5）沈阳派司钛设备公司；
（6）辽宁新华阳伟业装备制造公司；
（7）沈阳东方钛业公司；
（8）洛阳船舶材料研究所；
（9）西北有色金属研究院；
（10）宝鸡力兴钛业集团。

上述企业是我国目前钛行业的中流砥柱，也代表了中国钛装备制造业的整体水平。

表3-8、图3-7是我国钛工业发展近几年来主要钛设备制造企业的产值和用钛量。

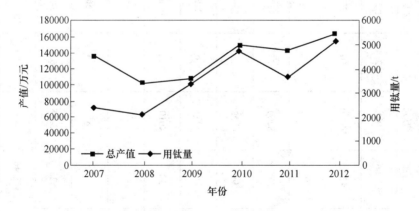

图3-7 近几年来我国主要钛设备生产企业的产值及用钛量

从图3-7中可以看出，随着近年来经济的发展，钛工业制造业呈现出稳步增长的态势，不论从总产值还是钛用量来看，均呈现出缓步上升的势头。

我国钛装备制造业虽起步较晚，但生命力旺盛。这主要是由于钛设备制造业是钛材的下游应用领域，具有比一般工业用钛材更高的附加值，且经营灵活，设备投资相比钛材较小，在市场不景气时，可通过多种不同材料的加工制作设备来提高其利润率，降低成本。

表3-8　近几年来我国主要钛加工装备制造业主要生产企业的产值和用钛量

生产厂家	2007年		2008年		2009年		2010年		2011年		2012年	
	总产值/万元	钛材用量/t	总产值/万元	钛材用量/t	总产值/万元	钛材用量/t	总产值/万元	钛材用量/t	总产值/万元	钛材用量/t	总产值/万元	钛材用量/t
宝钛集团有限公司	42122.8	691.66	29460.8	472.4	12958.7	516	15932.7	401.4	32419	730	33440.6	771.3
沈阳东方钛业有限公司	33000	420	35100	460	33000	459	32000	446	36923	501	39018	1566
宝鸡力兴钛业集团	10000	163					10676	1166	16458	678	18800	1024
沈阳派司钛设备有限公司	13000	265	8200	175	7190	164	7579	183	16380	510	18150	490
辽宁新华伟业装备制造有限公司	5661	99	6302	101.3	5795	123.3	8064	260	10017	210	13495	102
南京斯迈柯特种金属装备有限公司	7010.3	211.8	3378	126	2197	208	14390	540	8000	330	6810	282
洛阳七二五所	7000	50	4010	30.7	10000	64	3960	184	7420	65	24111	420.7
南京宝泰特种材料有限公司					3570	226.5	14736	783.5	15568	612	9175	476
江苏中圣高科技产业有限公司	7297		1812	183	4456.5	471.7	6655	445				
西北有色金属研究院	11090	523	13378	563	27420	1136	35000	776				
总计	136181.1	2423.46	101640.8	2111.4	106587.2	3368.5	148992.7	4738.9	143185	3636	162999.6	5123

注：空格表示企业当年未报产量和产值或还未生产。

4 钛眼镜型材和加工工艺

4.1 概 述

钛及钛合金型材，是眼镜用金属材料中最高档的材料之一，但由于钛的特性及加工的复杂性，直到 20 世纪 80 年代，钛及钛合金型材才用于眼镜架材料。1981 年 1 月，日本日光光学公司、福井公司首次成功地开发出了钛眼镜架。富井公司研制出钛眼镜架后，在 1981~1985 年间得到了很好的普及，其后，钛加工技术取得了显著进步，在 1985~1989 年间，钛眼镜架以纯钛为主流，1990 年后，眼镜架材料向复合钛材、钛合金、形状记忆合金和超弹性合金等方向发展，目前，高档眼镜使用的钛及钛合金材料，主要是纯钛 TA2 和 β 钛合金。

4.2 生产工艺流程确定

金属眼镜型材的生产，国内外主要采用的方法有固定模拉拔法、轧制法、辊模拉拔法等。钛及其合金在高温下的化学活性高，变形抗力大，在轧制（拉拔）过程中，表现出与钢、铜、铝和其他金属很大的差别，主要表现在导热率低，在大气中受热后，表面易氧化和吸氢，容易和轧辊及导卫装置黏附，材料表面粗糙、硬度高，不同合金宽展指标差异大，弹性模量比钢小，材料在孔型中的稳定性低，具有螺旋状扭曲的趋势等。

眼镜用钛型材尺寸小、精度高、规格多，不同于一般的钛板、棒、管材的生产，需在对材料的组织形成、变化过程、产品性能等深入研究，通过现场设备调试、工艺条件适应性研究等一系列工作才能最后确定其生产工艺。

针对钛材特性和眼镜框架材料性能要求，经过大量试验，确定以外购各类规格的钛圆线为原料的钛眼镜型材加工工艺，工艺流程如图 4-1 所示。

4.3 钛眼镜型材加工工艺确定

4.3.1 试验主要设备

4.3.1.1 轧制设备

(1) 德国 DW2A-T 二联精轧机一套；
(2) φ250×300、φ170×300 开坯冷轧机组一套；
(3) φ125×230、φ80×120 冷轧机组一套；
(4) 自制辊拉模三套。

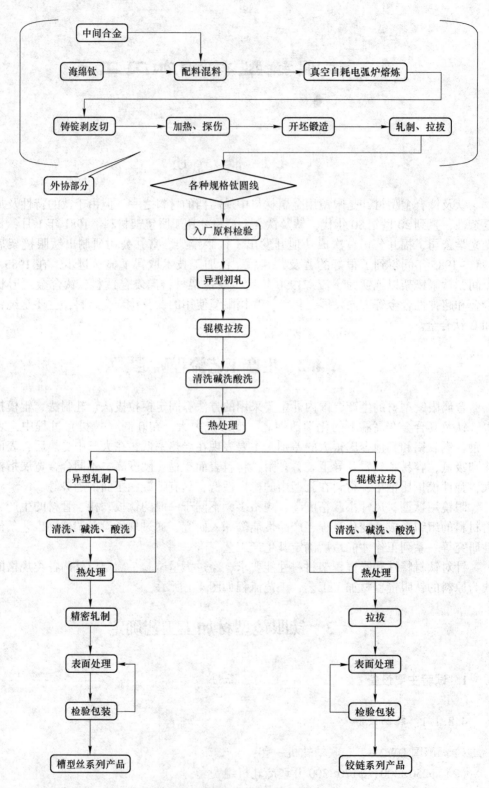

图 4-1　钛眼镜型材加工工艺流程图

4.3.1.2 拉伸设备

（1）德国 EZH-4500 水平拉丝机一套；
（2）德国 EZC-500 拉丝机一套；
（3）$\phi760$ 立式辊筒拉伸机一套；
（4）$\phi650$ 卧式辊筒拉伸机一套；
（5）自制压力模一套。

4.3.1.3 退火设备

（1）K300 外热式真空退火炉一套；
（2）小型箱式退火炉一套。

4.3.1.4 校直设备

PRB-30 异型材校直机一套。

4.3.1.5 其他设备

（1）QXJ-2FA 清洗机，碱洗、酸洗设备一套；
（2）钨极氩弧焊电焊机一组；
（3）自制载线抛光机一套；
（4）修模设备多台（套）。

4.3.1.6 检测设备

（1）AG-1250KN 日本岛津精密万能试验机一台；
（2）WE30 万能材料试验机一台；
（3）日本岛津 EPMA-1600 电子探针一套；
（4）日本理学 3015 升级型衍射仪一套；
（5）TON473034-9902 金相显微镜一套。

4.3.2 原料选择

根据图 4-1 确定的工艺流程，钛眼镜型材的加工工艺，从外购各种规格钛圆线开始，从冶金学及材料加工工艺学的要求来看，后续加工产品的质量，很大程度上取决于前面各道加工工序的质量。钛眼镜型材，产品尺寸小、精度高，其内在质量及表面质量都要求很高，如果原料及前面工序中发生任何一种缺陷或质量偏差，都会给产品的质量带来影响，产出次品，甚至废品，因此，原料的选择至关重要，试验中选择了我国有代表性的三个厂家的钛圆线和一种国外的钛圆线产品（直径分别为 $\phi1.5mm$、$\phi2.0mm$、$\phi2.48mm$、$\phi6.48mm$）作为研发用原料。

4.3.3 辊拉模及压力模的设计和制作

根据图 4-1 确定的工艺流程，需设计和制作辊拉模及压力模，试验中完成了轧制钛材的四辊"土耳其轧头（辊拉模）"的设计、制作、安装、调试，并设计、制作出了六种眼镜用槽形丝精轧机轧辊及配套的"土耳其轧头轧辊"和四种眼镜铰链产品的"土耳其轧头"成套轧辊，供试验及试生产使用。

　　"土耳其轧头"原理如图 4-2 所示、图 4-3 所示为轧头生产应用图，图 4-2 中，四辊"土耳其轧头"的四个辊子互为 90°，轧辊"1"为固定辊，与轧辊"2"、轧辊"3"、轧辊"4"组成一个封闭的孔型，根据不同的产品形状，可设计出不同的轧辊孔型，具体操作是通过调节螺杆，从上、右两个方向打开轧辊"2""3""4"，将坯料放置于打开的孔型中，然后依次逐渐收拢"2""3""4"轧辊，直至孔型合拢，轧制出所需的产品形状。

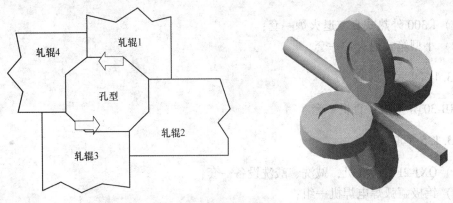

图 4-2　"土耳其轧头"原理图

图 4-3　辊拉模生产应用

　　四辊组合孔型轧制的特点是受力状态为两向压应力，一向拉应力，压缩应力能阻止或减小晶间变形，提高被加工材料的塑性，有利于抑制或消除晶体中微观破坏等缺陷的发展，抵消由于变形不均匀所引起的附加拉应力，防止裂纹产生。

　　变形时金属的横向流动量最小，可提高变形过程的效率，在变形区形成很大的静压力，减少表面缺陷和内部缺陷，有利于被轧制金属变形的均匀分布，减小拉应力，从而使破坏金属致密性的几率下降，改善轧制半成品的力学性能。

　　经过"土耳其轧头（辊拉模）"轧制后的半成品，其尺寸精度较低，仍需进行后续加工，由于用固定模拉拔钛材时，其拉拔过程中的润滑问题一直难以解决，故采用压力模改善润滑，保证后续工序顺利进行。

为了在模子的入口锥处形成压力，达到压缩锥自动增压，实现强制润滑的目的，实施流体动压迫润滑法或称 Christopherson 法，特别设计了螺压式单体压力模，其原理如图 4-4 所示。

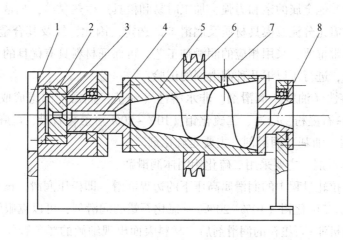

图 4-4　螺压式单体压力模示意图
1—支架；2—模座；3—模子；4—压力嘴；5—增压筒；6—皮带轮；7—润滑剂加入口；8—进线嘴

设计方案中，采用反螺压式输送，即在增压筒锥孔内壁上装加叶片，不仅将润滑剂输送到单体拉模上，而且形成的压力又将润滑剂压入到拉模定径带上，形成稳固有效的压力保护膜，从而避免黏模、拉毛现象。具体制作如下：

开有线材孔型的拉模"3"、压力嘴"4"及其支撑轴承置于模套"2"中，为了加强密封性，拉模和内套采用锥度配合，模套和外套之间用压板压紧固接后置于支架"1"上构成单体压力模，该结构有利于换模及清污。

为方便加工和安装，增压筒"5"分为两瓣，压力嘴"4"和进线嘴"8"用螺栓和增压筒相接，皮带轮"6"和增压筒间采用键联接，并用螺栓紧固。进线嘴、皮带轮的联接方式有助于两瓣增压筒的紧固和圆度，增压筒旋转时带动压力嘴和进线嘴一起转动，叶片置于增压筒锥孔内壁上，润滑剂即被螺旋压力输送到压力嘴及拉模上，压力达到一定数值时，润滑剂即被压入拉模定径带上形成拉伸保护膜。在拉伸过程中，润滑剂会随拉伸线材少量带出，如果筒内润滑剂量减少，可从增压筒润滑剂注入口"7"补充润滑剂。增压筒进线嘴处安装有清理筒，内储粒度合适的抛光剂，对线材表面氧化物和金属屑进行预清理，以便提高线材的表面质量，减少对润滑剂的污染。

模具在应力作用下，为了保持其形状和尺寸不变，将其硬度控制在一定范围内，轧辊常采用 9CrSi，其 HRC 达到 52~55，拉模采用 YG8 合金，HRC 达到 90。

4.3.4　润滑剂的选择

轧制、拉拔时采用的润滑剂应具备下列性能：
(1) 高耐压性能，以防止润滑膜破裂；
(2) 大热容量，以便将变形过程中产生的热量尽可能多地散发出去；

（3）高的蒸发温度和热分解温度；

（4）对被加工金属表面有高的黏附性；

（5）不对被加工金属表面造成腐蚀；

（6）无毒性。

由于钛材与其他金属的亲和力强，加工时易和模具产生热黏结，凡是与模具之间有摩擦的成形加工，需充分注意模具材质及润滑剂的选定，因此，钛及其合金的轧制过程中，润滑剂的选择非常重要，采用相应的润滑剂工艺，可保证材料具有优良的表面质量和稳定的轧制性，为此，进行了以下几种润滑剂的试验：

（1）非水溶性（油基）润滑剂。非水溶性（油基）润滑剂的组成成分主要为机油、变压器油、机油+石墨粉、白油、二硫化钼（10%~20%）+氯化石蜡、蓖麻油等。

（2）水溶性（油基）润滑剂。主要是乳化剂。

（3）固体润滑剂。主要采用二硫化钼固体润滑剂。

由于钛材在拉轧过程中的润滑属高压下的边界润滑，即极压润滑，试验结果表明，采用机油+石墨粉、二硫化钼（10%~20%）+氯化石蜡的润滑剂，可以克服轧制过程中的粘辊现象，但使用机油+石墨粉的润滑剂后，材料表面出现细微的黑色颗粒，乌黑发亮，造成材料表面粗糙，要进行酸洗后才能去除。用二硫化钼10%~20%+氯化石蜡的润滑剂，可使材料表面基本保持金属的光泽，且二硫化钼固体在轧制过程中较易脱落和除去，因此润滑剂的选择为二硫化钼10%~20%+氯化石蜡及蓖麻油（蓖麻油在加工率较小的轧制过程中，有很好的润滑效果）。

在选定润滑剂后，为了更好地达到润滑效果，对进口轧机和国产设备进行润滑剂供给装置的改造，在原有的润滑剂供给装置上，针对选定的润滑剂黏度大的特点，增加一套特制的供给装置，使设备的实用性更强。

4.3.5　清洗、碱洗、酸洗工艺条件确定

轧制后的半成品，在真空退火前，需清除材料表面的氧化皮、吸气层以及残留的润滑剂等污染物，原采用传统的三氯乙烷清洗剂来清洗材料的表面，它能去除润滑剂等油脂，但氧化皮、吸气层等无法清除，对产品的表面质量影响较大，通过大量试验，确定了小断面异型钛材的清洗、以下分述碱洗及酸洗工艺。

4.3.5.1　清洗

清洗的目的是除去轧、拉等加工工序在钛材表面形成的油污，以便保证后续的碱洗、酸洗、热处理等加工工艺的正常进行。

清洗除油液的成分为（以每升溶液中的重量计）：20~30g NaOH，50~100g NaCO$_3$，3~10g Na$_2$SiO$_3$ 或肥皂液。除油时，除油液的温度控制在 70~90℃ 之间，浸泡时间为 10~30min。

清洗时，工件在除油槽中浸泡 10~30min，然后用热水冲洗，在冷水槽中浸泡 10~20min 后，取出烘干。

4.3.5.2 碱洗

碱洗的目的是除去油污和疏松氧化皮，碱洗液的成分为：5%~15%的 $NaNO_3$，其余为 NaOH，碱洗时的温度控制为 430~520℃，时间为 3~5min。工件在碱洗槽中碱洗后，立即进行水淬并用水冲洗。

4.3.5.3 酸洗

采用两次酸洗，第一次用 HF-HCl 溶液，第二次用 HF-HNO₃ 溶液。

第一次酸洗的目的是除去碱洗后疏松的氧化皮并去除吸气层，第二次酸洗的目的是光亮化。酸洗液成分为：第一次酸洗液成分：6%HCl+4%HF；第二次酸洗液成分：3%HF+25%HNO₃（α 钛合金）。第一、二次酸洗皆在室温下进行，酸洗时间为 3~8min。

酸洗顺序为：第一次酸洗→流动水冲洗→第二次酸洗→流动水冲洗→50~70℃的热水冲洗→热风干燥。

4.3.6 热处理工艺条件确定

热处理的目的，是为消除应力，稳定组织，保证合金具有一定的力学性能。

真空热处理技术具有无氧化、可脱气、可脱脂，材料表面质量好、变形微小、热处理零件综合力学性能优异，无污染、无公害、自动化程度高等一系列突出特点，几十年来，始终是国内外热处理技术发展的热点。我国 30 余年来，通过引进真空热处理炉，消化、吸收后，现已能自主开发，研制设计和制造出高水平的系列真空热处理炉。

真空退火是最早在工业上得到应用的真空热处理工艺，金属材料工件经真空退火后，可改变晶体结构、细化组织、消除应力，提高表面光亮度和力学性能。

真空退火炉按加热方式可分为外热式真空退火炉和内热式真空退火炉。外热式真空退火炉就是带密封炉罐的真空炉，其结构与普通箱式电阻炉类似，但需将安放工件的炉罐抽成真空。内热式真空退火炉与外热式真空退火炉相比，其结构和控制系统都比较复杂，制造、安装精度要求高，价格较贵，但内热式真空退火炉具有热惯性小、热效率高，可实现快速加热和冷却，使用温度高，自动化控制程度及生产效率高等优点。

钛材经拉轧后，会出现加工硬化（晶粒变形、破碎）现象，为消除其影响，需进行真空退火，以便进行下一步的加工：

（1）真空退火设备选择。试验采用外热式真空退火炉对钛眼镜型材进行退火处理，如图 4-5 是外热式真空退火炉外形图，表 4-1 是真空炉的主要参数。

（2）退火工艺确定。在整个退火过程中，加热、保温和冷却都在不低于 $1×10^{-4}~1×10^{-5}$Torr 的真空度条件下进行，升温、保温、降温的操作为：室温→280℃，保温 0.5h→680~700℃，保温 1~2h→炉冷至 200℃以下后，取出工件。

4.3.7 焊接工艺确定

钛材在加工成型时比较困难，"打尖"也是一件非常困难的事情，焊接作为钛型材加工的重要手段，不仅可以提高产品的成材率、降低成本，而且可以减轻劳动强度，因此，对小断面钛型材焊接的研究，引起国内外学者的重视。

图 4-5　真空退火炉外型图

表 4-1　真空退火炉的主要参数

项　　目	基 本 参 数
极限真空度	$P_j \leq 1.33 \times 10^{-4} \mathrm{Pa}$
工作真空度	$P_g \leq 6 \times 10^{-4} \mathrm{Pa}$ （$4.5 \times 10^{-6} \mathrm{Torr}$）
抽气速率	750L/s
配用扩散泵型号	K300
配用前级泵型号	2X15-15
配用高真空阀门型号	GI300
配用低真空阀门型号	DS-50
配用电磁阀门型号	GDQ-50
真空计型号	FZh-2B 复合真空计
加热炉类型	立式电阻炉
有效退火区尺寸	$\phi 430 \mathrm{mm} \times 650 \mathrm{mm}$
重量	250kg

钛的焊接方法主要有钨极氩弧焊、熔化极气体保护焊、化学摩擦焊、激光焊、电阻焊、等离子弧焊、电子束焊及扩散焊等，目前广泛使用的方法是：（1）钨极氩弧焊（GTWA），即采用直流正接方式，钛线材为负极，将钨电极靠近基材约 3~5cm 处起弧，不能将电极与基材直接接触；（2）熔化极气体保护焊（GMAW）。

焊接时，焊接材料一般要使用同一组织的金属，经过酸洗-水洗-脱脂洗净后进行，随着加热温度的升高，钛及其合金的化学活性迅速增大，在固态下能强烈地吸收各种气体，而使材料的塑性急剧下降，因此，焊接时必须克服各种气体对钛材的污染。在惰性气氛或真空条件下进行钛的焊接，是解决钛材受污染的主要措施，由于真空下钛的焊接成本过高，故采用惰性气体（氩气）保护焊接，并使焊接区与大气完全屏蔽，焊口面附近清洁。

试验中，专门设计了特殊的保护和夹紧装置，如图 4-6 所示，图中，底座开有水平通气孔，氩气从该孔中通入到球形座底部，球形座底部开有很多小孔，氩气从小孔中冲入，焊接线材得到氩气保护，同时球形座周围开有呈 120° 的两个环形槽，底座和球形座之间有一个球形带状通道，冲到球形座底部的一部分氩气沿该带状通道进入到球形座环形槽，并沿该槽进入到球形盖中，形成了对焊接线材的全方位立体保护。球形盖上开有焊枪头和焊丝伸入的长形孔，焊枪焊嘴本身带有氩气保护装置，为了防止保护气量不足，球形盖上还留有两个气嘴，必要时可以从两个气嘴处直接通入氩气。为了使待焊线材得到充分的氩气保护，紫铜支撑块上还开有细长槽以便气体通入，两个支撑块还可作微量移动调节，以方便两边焊接线材头部对接，支撑块可用旋钮作前后手动调节，支撑块可作上下、左右手动单独调节，焊丝头部对接好坏也决定了焊接质量的优劣。焊接线材采用两块磁铁条压住固定，固定方式快捷、方便，结构更加紧凑、精巧，与钨极电焊机配合使用，实现了小断面钛型材焊接时的前保护和后保护。

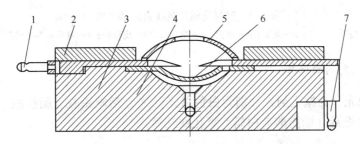

图 4-6 钛材焊接时的保护和夹紧装置
1—调节螺钉；2—压块；3—垫块；4—底板；5—上罩；6—下罩；7—调节螺钉

从焊接结果看，只要有效地控制焊接气氛，其焊接性相当好，焊接处的颜色为金黄色，可判断为合格，表 4-2 是试验中采用的焊接工艺参数，焊接后材料焊接区的力学性能见表 4-3。

表 4-2 焊接工艺参数

钨极直径/mm	焊丝直径/mm	焊接电流/A	电弧电压/V	衰减时间/s
1.5	1.5~2.0	60~70	10	2

表 4-3 焊接性能指标

名　称	σ_b/kg·mm^{-2}	δ/%	焊接区颜色
α 钛指标	33	28	银白色或浅黄色

注：检测材料是产品 PR87；焊接后，退火温度 540℃，保温 1h，为消除应力退火。

4.3.8 产品的表面处理

4.3.8.1 机械抛光设备的制作

如图 4-7 是自行设计的半机械抛光机和异型线材反螺旋载线表面抛光机。该设备采用双螺旋输送，装置内桶锥孔壁上装有左旋叶片，内桶旋转时，叶片将抛光剂螺旋输送并压入压力抛光嘴内，压力抛光嘴入口及出口处均设有倒锥，该设备的使用，实现了载线抛光，使产品的表面光洁度有了显著的提高，达到了表面质量要求。

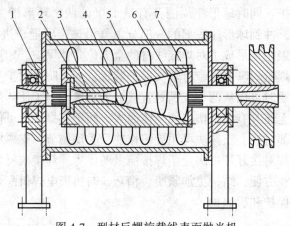

图 4-7　型材反螺旋载线表面抛光机
1—高压抛光口；2—支架；3—压板；4—增压桶；5—皮带轮；6—叶片；7—进线口

4.3.8.2　抛光剂的选择

采用固体抛光膏为抛光剂，分别为白色抛光膏（包括硬脂酸、脂肪酸、漆油、牛油、白蜡）和红色抛光膏（脂肪酸、白蜡、氧化铁红等）。

4.3.9　产品的校直

通常经上述各工序加工后，金属型材呈盘圆状态（产品状态），即可交付各零件加工厂进行后续加工，但如产品要求为直条，则需将盘圆状的产品校直并定尺切断。

一般的铜基合金型材，在轧制（辊拉）和拉伸过程中，若加工率控制得较为均匀，则加工后的制品不易歪扭，校直时，只需将盘圆材料在水平（X 向）及竖直（Y 向）两维校直机上校直即可。

钛型材在加工过程中存在严重的各向加工异性，加工率均匀性难以控制，无论轧制或拉伸后的线材易出现沿中心方向的歪扭，因此，加工后的异形钛材，不仅存在明显的弹塑性弯曲（既有弹性变形又有塑性变形的弯曲），而且加工过程中的盘圆也易产生自然弯曲，因此钛材的校直十分重要。

二维校直机不能满足钛型材校直需要，针对钛型材扭曲的特点，经反复试验，在进口的德国校直机 PRB-30 前设置了校正装置，该装置和 PRB-30 校直机配合使用，PRB-30 校直机校直 X-Y 方向，而校正装置校正 Z 方向，实现了钛型材垂直-水平-中心三维方向的校直。

4.3.10　各工序型材质量检验

4.3.10.1　原料的质量检验

原料的质量检验，执行国家标准 GB2965—1987、GB4698—1984 和 GB5168—1985，主要包括化学成分检验、形状和几何尺寸检验、外部缺陷检验、材料组织检验、内部缺陷检验、金相检验和力学性能检验等。

4.3.10.2 半成品和成品的质量检验

半成品和成品的质量检验，主要包括形状和几何尺寸检验、表面缺陷检验、材料组织及内部缺陷检验，气体杂质（氧和氢）含量检验和力学性能检验等，参照企业标准执行。

4.4 试验结果和讨论

在完成各工序工艺条件的制定及相关的设备配置后，针对眼镜行业用钛槽形丝、铰链、电焊丝等产品进行试验，以下是其结果和讨论。

4.4.1 钛槽型丝产品

试生产中，α 型钛槽型丝产品的轧制在 DW2A-T 二联精轧机上完成，几种常规产品的型号见图 4-8，经试验后确定的各产品生产工艺分述如下。

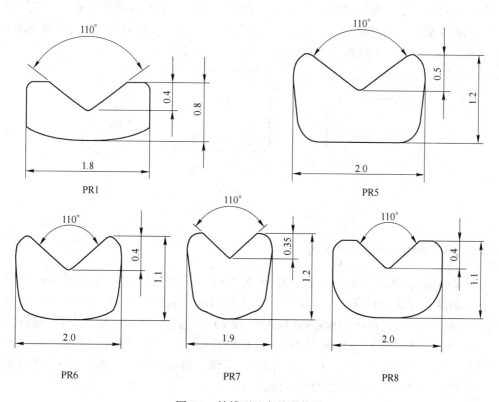

图 4-8 钛槽型丝产品形状图

4.4.1.1 PR1 产品生产工艺

φ1.5 圆线→"土耳其轧头"轧制→1.25×1.80→"土耳其轧头"轧制→1.08×1.45→DW2A—T 轧机第一次粗轧→0.78×1.76→DW2A—T 轧机精轧→产品 0.80×1.80。

4.4.1.2 PR5 和 PR6 产品生产工艺

ϕ2.0 圆线→"土耳其轧头"轧制→1.53×1.80→DW2A—T 轧机第一次粗轧→1.53×2.05→DW2A—T 轧机精轧→产品 1.20（1.10）×2.00。

4.4.1.3 PR7 产品生产工艺

ϕ2.48 圆线→"土耳其轧头"轧制→1.53×1.80→退火→（"土耳其轧头"轧制）或 DW2A—T 轧机第一次粗轧→1.53×2.05→DW2A—T 轧机精轧→产品 1.20×1.90。

4.4.1.4 PR8 产品生产工艺

ϕ2.5 圆线→"土耳其轧头"轧制→1.55×2.0→"土耳其轧头"轧制→1.25×1.50→DW2A—T 轧机第一次粗轧→1.17×1.75→DW2A—T 轧机精轧→产品 1.10×2.00。

4.4.2 α型钛铰链产品

钛铰链产品的生产较钛槽形丝产品的生产更为困难，主要表现在其断面形状更加复杂，加工道次更多，须增加清洗、酸洗、退火等工序。选择几种典型产品（形状如图4-9）进行试验，以下为各产品生产工艺分述。

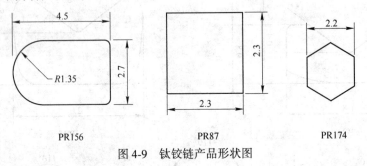

PR156   PR87   PR174

图 4-9　钛铰链产品形状图

4.4.2.1 PR156 产品生产工艺

ϕ6.5mm 圆线→LG—1 轧机轧制→3.76×8.22→LG—1 轧机轧制→3.47×8.45（加工率16%）→清洗、碱洗、酸洗→真空退火炉退火→LG—2 轧机轧制→3.77×5.45（加工率32%）→LG—3 轧机轧制→3.0×4.9（加工率28%）→清洗、碱洗、酸洗→真空退火炉退火→"土耳其轧头"轧制→2.80×4.60（加工率13%）→"土耳其轧头"轧制（EZ—H 辊模拉拔）→2.7×4.5（加工率6%）→清洗、碱洗、酸洗→真空退火炉退火→压力模精整→表面抛光处理→校直→产品检验→包装→成品。

4.4.2.2 PR87 产品生产工艺

ϕ3.5mm 圆线→"土耳其轧头"轧制→3.15×3.15（加工率19%）→"土耳其轧头"轧制→2.85×2.85（加工率18%）→2.55×2.55（加工率19%）→清洗、碱洗、酸洗→真空退火炉退火→"土耳其轧头"轧制→2.30×2.30（加工率23%）→清洗、碱洗、酸洗→真空退火炉退火→压力模精整→表面抛光处理→校直→产品检验→包装→成品。

4.4.2.3 PR174 产品生产工艺

ϕ2.8mm 圆线→"土耳其轧头"轧制→2.55×2.55（加工率 32%）→"土耳其轧头"轧制→2.35×2.35（加工率 14%）→清洗、碱洗、酸洗→真空退火炉退火→DW2A—T 轧机精轧→2.2×2.2（加工率 5%）→压力模精整→表面抛光处理→校直→产品检验→包装→成品。

4.4.3 电焊丝产品

钛焊丝产品通常以退火态、盘圆形式交货，直径小于或等于 6mm，质量达到 GB3623—1983 标准，用量较大的是纯钛丝，牌号为 TA1 及 TA2，其允许公差见表 4-4。

表 4-4 钛焊丝的允许公差

直径/mm	0.20~0.50	0.60~1.00	1.10~2.00	2.10~4.00	4.10~6.00
允许公差/mm	±0.04	±0.06	±0.08	±0.10	±0.14

试验采用的工艺流程为：不同规格的钛圆线→"土耳其轧头"轧制→清洗、碱洗、酸洗→烘干→真空退火→产品检验→包装→成品。

真空退火时，真空度应控制在小于 0.0013Pa，这是为了退火组织再结晶时，能脱氢、脱氧，使焊丝中氢（H）≤0.008%，氧（O）≤0.15%。

经过"土耳其轧头"轧制和辊模拉拔后，原本表面较粗糙的圆线，质量得到了很大改善，ϕ2.3mm 的钛电焊丝，其尺寸精度可达±0.06mm。

从以上试验结果看出，五种规格的钛槽形丝产品，尺寸精度能够达到±0.02mm；钛铰链产品，尺寸精度可控制在±0.02~±0.05mm 之间，粗糙度参数 R_a 可达到 0.08~0.32μm，部分产品的力学性能指标见表 4-5，金相组织如图 4-10 所示，实物相片如图 4-11、图 4-12 所示。

表 4-5 部分 α 钛眼镜型材产品的力学性能

产品 \ 指标	PR5	PR87	PR156	PR174
σ_b/MPa	423	474	456	491
尺寸精度/mm	±0.02	±0.02	±0.02	±0.05
表面粗糙度 R_a/μm	0.08~0.32	0.08~0.32	0.08~0.32	0.08~0.32

图 4-10 α 钛产品（PR87）的金相组织（放大倍数×200）

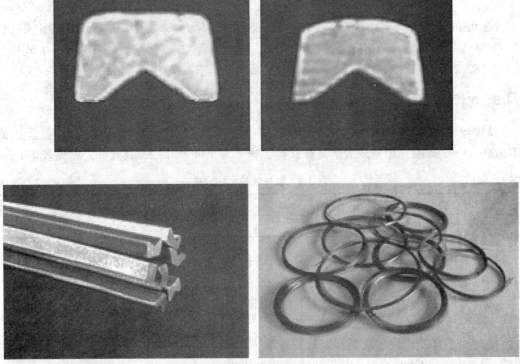

图 4-11　部分槽形丝产品形状图

图 4-12　部分钛铰链产品形状图

4.4.4 主要工序讨论

4.4.4.1 钛异型线材的塑性变形特点

采用横截面形状复杂性指标来讨论钛异型线材的塑性变形特点，表4-6是部分钛眼镜型材产品的横截面形状复杂性指标。

表 4-6 部分钛异型线材的形状复杂性指标

产品\指标	PR1	PR5	PR8	PR87	PR156	PR174
异型线材周长 $C_异$	5.59	6.14	6.45	9.20	7.62	13.24
同等面积圆周长 $C_圆$	3.89	5.09	4.96	8.16	7.22	11.93
$C_异/C_圆$	1.44	1.21	1.30	1.13	1.06	1.11

钛与其他六方结构的金属相比，能承受塑性变形的能力高得多，其原因是钛的滑移系较多且易于孪生变形，但由于钛金属屈服强度较高（一般在0.75~0.95之间），弹性模量相对较低，故加工变形抗力大，回复弹性也较大，工业纯钛在冷变形过程中，没有明显的屈服点，其屈服强度与强度极限十分接近，在冷变形加工过程中易产生裂纹，工业纯钛还具有极高的冷加工硬化效应，因此，制定合适的道次加工率及总加工率对钛材加工过程是很重要的，实际生产中单道次的加工率不超过35%，退火前的总加工率不超过60%。

4.4.4.2 辊模拉拔分析

A 辊模拉轧加工中的拉拔力

辊模拉拔法的轧辊是被动的，靠施加在金属上的拉拔力带动轧辊转动来实现金属变形，这与轧辊主动转动，将材料带入孔型实现变形的轧制法是不同的，辊模拉拔时，其变形区内，金属单元体的应力、应变状态与固定模拉拔基本一致，都是一向拉伸，两向压缩，但辊模拉拔法结合了传统的轧制与拉拔法的特点，将拉拔中的滑动摩擦转变为滚动摩擦。

由于钛型材产品种类多，变形区形状复杂多样，因此很难有精确的拉拔力计算公式，大部分以古典塑性理论为基础用能量法求解。

B 钛圆线（原料）尺寸的确定

对于形状各异的钛型材，其变形情况复杂，要想精确计算出所需要的钛圆线（原料）尺寸非常困难，但在辊拉或轧制过程中，轧制前后钛丝的周长可以根据下列经验公式计算：

$$d = \frac{2(h + b)}{\pi k}$$

式中 d——钛圆线的直径；

       h——辊拉或轧制后钛扁丝的厚度；

       b——辊拉或轧制后钛扁丝的宽度；

k——系数，取 1.2。

采用上式可计算出生产钛型材所需的钛圆线（原料）尺寸。

C 钛丝材压扁时宽展的计算

钛圆线在成型前通常要经过一或几道的压扁过程，因此，确定压扁后钛材的宽展是制定生产工艺的重要问题，认为横向及纵向单位面积上的单位功相同，以此来确定辊拉钛丝宽展，其计算公式为：

$$b = \{[C \cdot (R \cdot \Delta h)^{1/2}]/m \cdot (\Delta h/h + 1) + B\}/[1 + C(R\Delta h)^{1/2}/(mB)]$$

式中 b——钛丝压扁后的宽度；

B——钛丝辊拉前的宽度；

h——辊拉前后钛丝宽度平均值；

Δh——压下量；

C——系数，$C = 0.044 - 0.068 \cdot \Delta h/h$；

m——系数，$m = (\frac{e^x - 1}{x} - 1)$，其中 $x = \frac{fB}{h}$，f 为摩擦系数。

应用上式可较准确地计算出钛圆线压扁时的宽展情况。

4.4.4.3 压力模分析

在钛型材的加工过程中，轧制分担了 90% ~ 95% 的加工率，拉伸过程仅分担了 5% ~ 10% 的加工率（终成型拉伸），但拉伸过程中，钛极易黏模，极大地影响了钛型材的尺寸精度和表面光洁度，为此需解决拉伸工序的润滑问题，采取的措施是缩短拉模定径带，并借助外力将润滑剂强压入拉模中，形成稳固有效的保护膜以减少黏模、拉毛等现象，即将普通拉模改变为压力模。

对普通线材而言，通常采用两个（或两个以上）拉伸模形成组合模，以便在两道拉伸模间形成有效压力区，从而实现压力模拉伸，但对钛线材而言，不能采用双拉模形成压力区，其原因是拉伸时，压力区存在于第一个拉模之后，第二个拉模可成为压力模，而第一个却不能形成。第一个拉模拉伸时，润滑条件差，钛线极易黏模，出现严重拉坏、拉毛现象，经第二个拉模也不能完全消除此现象，压力模失去作用和意义。针对钛线材的终成型拉伸，采用单体拉模，压力区形成只能借助于外力，故采用反向螺旋输送，即在增压筒锥孔内壁上安装螺旋叶片，润滑剂在输送到拉模时已产生压力，普通拉模已成为压力模，在润滑剂的保护作用下，拉伸后的钛型材尺寸精确，表面光洁度高。

4.4.4.4 润滑机理分析

氯化石蜡作为一种常用的含氯添加剂，与金属表面起化学作用，生成氯化亚铁（熔点为 630℃）、氯化铁（熔点为 300℃）、氯氧化铁等化学润滑膜，这层化学膜为层状结构，抗剪切强度和摩擦系数小。二硫化钼（MoS_2）化合物呈六角晶系结晶，其中的钼原子排列在两个硫层之间，一个平面内原子间的键合力比两个平面之间的要大，二硫化钼的抗压性能好，抗压强度大于 $32000kg/cm^2$，二硫化钼为片状组织，剪切应力低，因此，如同在典型的层状结构中一样，经常在层间发生分离，使金属接触面间摩擦化为层状结构间的滑动，摩擦系数小，因此常作为一种优良的固体润滑剂使用，但它与被加工材料的黏附性差，加入氯化石蜡，可进一步减少摩擦系数，使润滑剂能有效地减少材料与模具之间的摩擦，延长模具的使用寿命，增加材料表面光洁度和提高工件精度。

为了测定润滑剂对辊拉模的减摩（有润滑剂存在时摩擦力降低的程度）效果，可以用直接法和间接法来测定，常采用拉伸系数 λ 来衡量：

$$\lambda = \frac{l_1}{l_0}$$

式中，l_0 和 l_1 分别为试样在辊模拉拔前后的长度。

试验用试样为 $\phi 3.0mm \times 200mm$ 的钛圆线，经辊拉后测试，得出使用润滑剂（$\lambda = 19.0\%$）和不使用润滑剂（$\lambda = 18.3\%$）的 λ 值变化不大，这是因为辊拉模的拉拔力比固定拉模的拉拔力有明显的减小，造成润滑剂对辊模拉拔影响不大，但润滑剂在拉拔时，对材料有明显的减摩效果，并显著改善材料的表面质量。

4.4.4.5 酸洗分析

酸洗过程中的主要腐蚀成分为氢氟酸，钛在氢氟酸中会逐步溶解，其反应方程式如下：

$$2Ti + 6HF \longrightarrow 2TiF_3 + 3H_2 \uparrow$$

向氢氟酸溶液（0.5 当量浓度）中加入无机酸（HNO_3、HCl、H_2SO_4），对钛及其合金的酸洗速度和渗氢量可以产生不同的影响。

加入 H_2SO_4 后，腐蚀速度少量增加，渗氢量有所减少。加入 HNO_3，与加入 HCl 相反，可以降低钛材的腐蚀速度和渗氢量。根据上述情况，酸洗工艺采用了两次酸洗，即第一次为 $HF\text{-}HCl$ 溶液，第二次用 $HF\text{-}HNO_3$ 溶液，第一次酸洗后，材料表面粗化，再经过第二次酸洗后，材料表面变得光亮。

由于钛对氢具有较强的亲和力，氢易溶解到钛的间隙中，引起脆性、变形和材料破裂，为了把钛的吸氢减小到最小值，在能够溶解钛及其合金的氢氟酸中添加氧化剂—硝酸，酸洗液中硝酸的含量和吸氢量之间为指数关系，只要酸洗液中硝酸含量保持在 20% 以上，则钛的吸氢作用可大大减少，主要反应式为：

$$3Ti + 4HNO_3 + 12HF \longrightarrow 3TiF_4 + 8H_2O + 4NO \uparrow$$

因此，在酸洗过程中的最后酸洗，要加入大于 20% 以上的硝酸，以减少酸洗过程中钛的吸氢量。

4.4.4.6 真空退火分析

如前所述，钛是ⅣB族金属，它在高温下性质活泼，可与 CO、CO_2、H_2O、NH_3 及许多挥发性有机物反应，易受与其接触物质的污染。钛及其合金在大气下加热时，250℃即开始氧化，低于 540℃时表面出现黄色或暗青色的致密油画膜，在 760～1100℃时，氧化加速。碳、氧、氮、氢可通过白色多孔性氧化膜向钛及其合金内部扩散，形成高硬度、高脆性的含氧污染物，在后续加工过程中，易产生表面裂纹并延伸到基体中去，造成对材料的破坏。

值得一提的是，氢脆（氢在钛基体中的扩散、渗透和形成氢化物的过程）导致的钛设备失效已占钛材腐蚀事故的 20% 以上，钛中的 $\phi(H_2)$ 含量高于 0.015% 时，材料即变脆，冲击韧性、抗拉强度将下降。钛材在加工过程中，润滑、酸洗、碱洗等工序，加工过程中与金属铁的接触及加工应力等，都会导致钛材的大量渗氢，因此，钛材加工工艺中的除氢是非常重要的，H. Numakura、张彩碚等的研究表明，氢在钛中主要以两种结构形式存在，即 γ 相和 δ 相，氢固溶于钛原子晶格的间隙之中，钛的氢脆属于氢化物型氢脆。Pound、Covington 的研究表明，钛表面的钝化膜能减缓氢的扩散渗透。Phillips 在不同试验条件下，对试样进行了不同温度下的吸氢测量，结果表明，真空退火条件下试样的吸氢量最少。

由表面向钛中心扩散的氢，在钛金属中的分布是不均匀的，其分布情况可用菲克第二定律来描述：

$$\partial c / \partial t = D(\partial^2 c / \partial^2 x)$$

用上述公式可计算出氢的渗入量，由此可确定出吸氢量，吸氢量 ω 与时间的关系为：

$$\omega = K\sqrt{t}$$

式中，K 为常数。

由此可知，恒温时吸氢速度方程为：

$$d\omega / dt = K\sqrt{t}$$

根据上式可知，恒温下，氢向金属中的渗透速度与时间成反比。

与氢向金属中的渗透相反，金属的脱氢可以看成是渗氢的逆过程，脱氢速度取决于氢向表面层的扩散。

钛及钛合金材料的真空退火，应保持一定的时间，以便氢能尽可能析出，同时，由于纯钛在 883℃ 时将发生 αTi(hcp) →βTi(bcc) 的转变，因而退火温度应低于 883℃ 下，采用的真空退火条件为真空度 $1×10^{-4} ~ 1×10^{-5}$ Torr，温度 500 ~ 550℃，此时，可消除材料的应力和脱氢，获得光亮的材料。

4.4.4.7　材料校直原理分析

钛材经过轧制、拉拔后，已出现塑性变形，卸载后不能恢复原状，只能部分弹复变形，其余部分成为残留变形，也即为永久变形，因此其总变形包括弹复变形及残留变形。金属轧材在塑性弯曲条件下，弹复能力几乎是相同的，因此不管轧材各处的原始曲率如何不一样，在较大的弯曲之后，基本可以得到各处均匀的曲率，但金属刚性越大，压弯后的残留曲率均一性越差，而这种差值将随着反弯次数的增加而减少。

校直的目的不单是使轧材各处的残留曲率趋向一致，而且还要求各处的残留曲率都趋于零，这就要求轧材不仅应受到多次反弯，还要使反弯量逐渐减少，直至达到纯弹性反弯为止。

4.4.4.8　钛型材焊接分析

一般来说，钛及其合金具有良好的焊接性能，但由于钛是活泼金属，不仅在熔化状态下，而且在高于 400℃ 时，金属钛就会与氮、氧、氢反应。实际上，250℃ 时，钛开始吸收氢，400℃ 时开始吸收氧，600℃ 开始吸收氮。

众所周知，空气中含有大量的氮、氧和氢等气体，焊接钛及合金时，如果工艺中仅采用一般的气体保护焊枪，则焊接接头质量不易得到保证，这是因为，目前采用的焊枪结构，其形成的气体保护层只能保护好焊接熔池不与空气作用，对已凝固而尚处于高温状态的焊缝及其附近高温区域则无保护作用，而处于这种状态的钛及钛合金焊缝及其附近区域仍有很强的吸气性，这将会引起焊缝变脆而使材料塑性严重下降，同样的，如焊缝背面不采取有效保护，也会产生类似结果。

焊接钛及其合金时，需克服易与其反应的气体污染，在惰性气氛或真空保护下进行钛的焊接是行之有效的方法，由于真空下焊接成本过高，工件尺寸也受到很大限制，因此钛及其合金的焊接多采用惰性气体保护。钛材焊接时，必须注意把焊接区与大气完全屏蔽，焊口面附近和填充钛焊料表面要清洁，施焊要在清洁的环境下进行，为此，需采用保护夹具和合适的焊接环境，氦气和氩气是可供选择的两种惰性保护气体，虽然氦气的保护效果比氩气好，但价格昂贵，试验中采用氩气作为保护气体，并将焊接夹具设计为包括上罩和下罩两层的球形结构，以实现上部和背部的上下层保护，最大限度地使通入的氩气与大气隔绝，以保证焊头质量，此外，为了避免焊接时产生气孔和裂纹，应注意冷却，这是因为，钛金属的熔化温度较高，导热系数小，焊接时热量不易散失，过热倾向严重，焊接夹具的垫块采用紫铜材料，导热系数高，可以将焊接时产生的热量带走，使焊头的组织保持为 $\alpha + \alpha'$（T 氏马氏体），保证了焊头的强度和塑性要求。

4.4.5 小结

（1）钛眼镜型材产品断面尺寸小、形状复杂、变形抗力高，加工难度大。采用"钛圆线→异型初轧→除油脂、杂质等→碱洗、酸洗、清洗→热处理（反复）→精密轧机异型精轧（四辊辊拉模精密异型拉拔）→螺压式单体压力模尺寸精整→产品表面处理（采用线材双螺旋载线抛光或半机械化抛光）→质检→包装→精密钛型材成品"生产工艺，生产钛眼镜型材系列产品，工艺路线合理可行。

（2）生产出的钛眼镜槽型丝产品，尺寸精度达到±0.02mm；钛眼镜铰链产品，尺寸精度可控制在±0.02～±0.05mm 之间，光洁度参数 R_a 可达到 0.08～0.32μm。解决了钛眼镜型材加工工艺中的轧制、拉拔、润滑、模具、清洗、酸洗、碱洗、热处理、焊接、表面质量控制、校直等关键技术问题，制定出相关的工艺流程，生产出合格产品。

（3）采用发明的螺压式单体压力模、线材双螺旋载线抛光装置、线材三维校正装置等新设备，保证了工艺的顺利实现。

4.5 β钛合金眼镜型材研制

β 型钛合金在耐热性、强度、塑性、韧性、成型性、可焊性、耐蚀性和生物相容性等方面均具有优异的性能，特别是 β 型钛合金有比 α 钛高得多的强度指标、良好的冷加工性，因而在眼镜行业作为高档金属眼镜架材料获得了应用。

4.5.1 新型 β 钛合金的成分设计和制备工艺条件

4.5.1.1 合金元素的作用及成分设计

在 β 钛合金中，各添加元素的作用分析如下。

钒（V）：β 稳定元素，置换型，且为 β 同晶型元素。V 元素只有一种体心立方点阵，所以它与同晶型的 β-Ti 形成连续固溶体，（而与密排六方点阵的 α-Ti 则只形成有限溶解度固溶体），V 以置换方式大量溶于 β-Ti，使合金在强化的同时保持较高的塑性，V 的加入不发生共析或包析反应，不析出脆性相，也不会在急冷时由于 ω 相析出而使合金脆化，所以，V 成为 β 钛合金的主要元素之一，使合金的 β 相组织稳定性提高。

铝（Al）：是钛合金中常用且最有效的元素，置换型，Al 属 α 稳定元素，在 β 型钛合金中加入一定量的 α 稳定元素，是为了提高合金的强度，增加 β 稳定元素的有效作用，防止 ω 相析出，抑制脆化，改善时效硬化作用。Ti-Al 相图中有包析反应，Al 可降低合金的熔点，提高 β 转变温度，使 β 稳定元素在 α 相中的溶解度增大，Al 的合金化使钛合金在室温及高温下的强度显著提高，抗氧化能力得到改善，试验证明，每添加 1% 的 Al，钛合金的抗拉强度 σ_b 可增加约 50MPa，但为了避免脆性相 Ti_3Al 化合物的形成，Al 元素在钛合金中的含量不宜超过极限溶解度（7.5%Al）。

锡（Sn）：为中性元素，置换型，在 α 相和 β 相中均有较大的固溶度，能起到固溶强化作用，使抗拉强度提高。Sn 的作用与 Al 类似，但比 Al 的作用和缓，强化作用不如 Al 强烈，但对 β 合金塑性的不利影响也较 Al 小。合金中加入 Sn，可稳定 β 相元素，有效地减少合金中脆性 ω 相的析出，抑制了合金的脆性。

铬（Cr）：为 β 相稳定元素，属共析型中的慢速共析分解元素。它在 β 相中无限固溶，使 β 相的共析反应缓慢进行，以致在一般冷却速度下来不及进行反应。钛的共析反应会产生化合物相，而 $TiCr_2$ 只有在很长时间的时效后才会出现。Cr 与 V 一起合金化，抑制了共析反应，控制了合金的脆性。

锆（Zr）：与 Sn 相似，属置换式中性元素。在 α 相及 β 相中均无限固溶，起到固溶强化，提高合金强度的作用，同时它还能抑止 ω 相析出，提高合金塑性，增加耐蚀性，有效改善合金的焊接接头塑性。

钼（Mo）：与 V 相似，为同晶置换型，可无限固溶于 β 相，无化合物生成，对 β 相的稳定化能力处于 V 与 Cr 之间，但强化效果超过 V。此外，Mo 的加入可显著提高钛合金在还原介质中的耐腐蚀性能。

综上所述，对两种 β 型钛合金成分初步设计如下：

新 1 号钛合金为 V-Al-Cr-Sn 系合金，合金成分设计为 Ti-15V-3Cr-3Sn-3Al。

新 2 号钛合金为 Al-Sn-Mo-Zr-Cr-Fe 系合金，合金成分设计为 Ti-5Al-4Sn-2Zr-4Mo-2Cr-1Fe。

设计的两种钛合金的组成见表 4-7。

表 4-7　设计的钛合金成分　　　　　　　　　　　　（%）

元素名称	$w(Al)$	$w(Sn)$	$w(Zr)$	$w(Mo)$	$w(Cr)$	$w(V)$	$w(Fe)$
新 1 号合金	2.5~4.5	2.8~3.2			3.0~3.5	14.5~15.5	
新 2 号合金	4.5~5.5	3.8~4.2	1.8~2.2	3.8~4.2	1.8~2.2		0.8~1.2

4.5.1.2 合金制备工艺条件

A 合金熔炼

初步设计的两种钛合金成分中，含有较多的合金元素，既有高熔点的 Mo（2625℃）和 V（1900℃），还有较低熔点的 Sn，这给合金的熔炼增加了难度，合金熔炼的基本配料情况见表4-8。

表4-8 合金熔炼的基本配料

合金名称	配料情况
新1号钛合金	电解 Cr，Ti 粉；V-Al 中间合金；Ti-Sn 中间合金
新2号钛合金	Ti 粉；Mo 粉；纯 Sn；海绵 Zr

按配比计算，确定原料重量，原料经混料机充分混合，然后在压力机上压成电极块，再将电极块焊接成熔炼电极。合金熔炼在 5kg 真空自耗电弧炉中进行，经数次熔炼后制成试验铸锭。新1钛合金经二次重熔后，铸锭时较顺利，而新2钛合金由于含 Mo 量较高，需三次重熔后铸锭。对试验铸锭取样，进行化学分析，原子吸收谱线分析，结果表明成分皆达到要求，试验铸锭的成分分析结果见表4-9。

表4-9 合金铸锭成分分析 （%）

名称 \ 元素	$w(Al)$	$w(Sn)$	$w(Zr)$	$w(Mo)$	$w(Cr)$	$w(V)$	$w(Fe)$
新1号合金	3.33	2.8	—	—	3.25	15.1	—
新2号合金	4.98	4.10	2.0	4.083	1.8~2.2	0.95	

B 合金试样制备

新1号合金和新2号合金的铸锭经开坯、旋锻后，锻棒进行机械加工成试样，试样尺寸如图4-13，采用这些试样分批进行合金热处理性能试验。

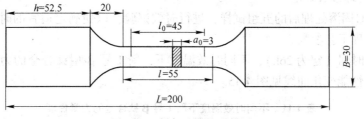

图4-13 制备试样的形状图

C 试样的热处理工艺

β型钛合金通常采用的热处理方法有淬火、固溶处理+时效处理、退火等，对于新型β钛合金，热处理试验的目的就是要确定适宜的热处理参数，并研究在此热处理工艺条件下合金的组织、性能，以新1号合金为例，研究固溶处理及时效处理等热处理工艺条件。

a 固溶处理参数确定

固溶处理需确定的热处理工艺参数主要是加热温度（固溶处理温度），试验中选择五组试样（固溶处理时间皆为 15min），在不同固溶温度下测定钛合金的力学性能，其结果见表 4-10，性能变化曲线见图 4-14。

表 4-10　不同固溶温度下新 1 号 β 钛合金的力学性能

性能指标 ＼ 试样	1 号	2 号	3 号	4 号	5 号
固溶温度/℃	720	750	780	810	840
抗拉强度 σ_b/MPa	835	839	845	840	838
伸长率 σ/%	11.6	14.5	14.6	13.8	13.5
断面收缩率 ψ/%	51.5	58.0	64.5	63.0	60.5

从表 4-10 和图 4-14 的试验结果看出，固溶温度在 720～840℃ 之间时，对材料的力学性能指标影响不大，选择 780℃ 为新 1 号 β 钛合金的固溶温度，此时材料的力学性能指标较好。

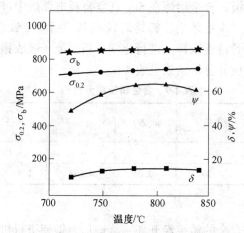

图 4-14　新 1 号 β 钛合金的力学性能与固溶温度的关系

b　时效处理参数确定

对经 780℃ 固溶处理后的五组试样，进行时效试验，以便确定适宜的时效温度和时效时间等时效处理工艺参数。

固定时效时间（定为 26h），不同时效温度下，新 1 号 β 型钛合金的力学性能指标变化见表 4-11，性能变化曲线见图 4-15。

表 4-11　不同时效温度下新 1 号 β 钛合金的力学性能

性能指标 ＼ 试样	1 号	2 号	3 号	4 号	5 号
时效温度/℃	480	570	585	600	630
抗拉强度 σ_b/MPa	1220	1101	1018	1003	931
屈服强度 $\sigma_{0.2}$/MPa	1185	1023	947	912	877
伸长率 σ/%	12.3	18.1	17.5	18.8	21.0
断面收缩率 ψ/%	37.0	50.9	52.5	53.0	52.6

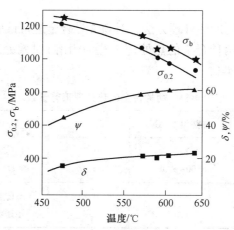

图 4-15　新 1 号 β 型钛合金的力学性能与时效温度的关系

　　从试验结果看，随着时效温度的升高，抗拉强度指标略有下降，而塑性指标则提高，从而确定时效温度为 500~570℃。

　　固定固溶温度为 780℃、时效温度为 570℃，同样对五组试样，测试在不同时效时间下，新 1 号 β 型钛合金的力学性能指标变化，结果见表 4-12，性能变化曲线见图 4-16。

表 4-12　不同时效时间下新 1 号 β 型钛合金的力学性能

性能指标 　　　试样	1 号	2 号	3 号	4 号	5 号
时效时间/h	3	6	10	17	26
抗拉强度 σ_b/MPa	1080	1123	1120	1119	1121
屈服强度 $\sigma_{0.2}$/MPa	938	982	989	995	998
伸长率 σ/%	18.0	17.2	17.5	11.4	18.3
断面收缩率 ψ/%	46.5	38.8	48.0	36.0	38.8

　　从试验结果看，在固溶温度 780℃、时效温度 540℃的条件下，随着时效时间的增加，强度性能提高，而塑性性能下降，但时效时间大于 10h 后，材料的性能指标变化不大，因而确定适宜的时效时间为 10h。

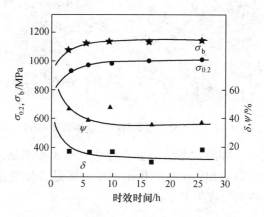

图 4-16　新 1 号 β 型钛合金的力学性能与时效时间的关系

c　热处理工艺确定

采用与新 1 号合金相同的热处理方法，对新 2 号合金进行试验，同样可以确定新 2 号合金的热处理工艺条件。两种合金的热处理工艺为固溶+时效处理，工艺参数见表 4-13，相应的主要性能指标见表 4-14。

表 4-13　两种合金的热处理工艺参数

合金名称	工艺	加热温度/℃	时间/h	气　氛	冷却方式
新 1 号合金	固溶	790	0.25	真空或微氧化	空冷
	时效	500~570	>10	真空或微氧化	空冷
新 2 号合金	固溶	830	0.25	真空或微氧化	水冷
	时效	720	>8	真空或微氧化	空冷

表 4-14　两种合金的主要性能指标性能指标

性能指标名称	抗拉强度 σ_b/MPa	屈服强度 $\sigma_{0.2}$/MPa	伸长率 σ/%	断面收缩率 ψ/%	硬度 /HB10~3000	弹性模量 E/GPa
新 1 号合金	1201	1023	18.1	50.9	3.5	11920
新 2 号合金	1231	1184	20.0	43.0	3.5	11800

4.5.2　β 钛合金的金相组织

取 β 钛合金试样，观察金相组织，采用专门的腐蚀剂，具体配方为：氢氟酸（5 份），甘油（1 份），无水乙醇（1 份）。用棉花浸腐蚀剂擦拭试样表面数秒，至颜色变化后进行观察。图 4-17 为新 1 号合金 780℃固溶温度条件下的固溶态金相图，图 4-17 为新 1 号合金 20 小时时效状态金相图，图 4-18 为新 2 号合金进行时效、固溶处理后的金相图。

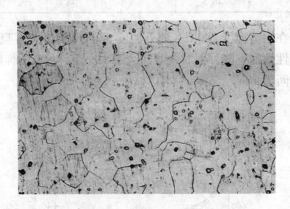

图 4-17　新 1 号合金固溶状态金相图（×200）

从图 4-17 中可以看出，固溶状态组织主要为单一的 β 相单晶，无其他组织，晶内有少量墨点，从图 4-18 中可以看出，α 相的析出顺序大多是首先沿晶界析出连续条状或者网状 α 相，随后沿晶界两侧形成集束片状 α。

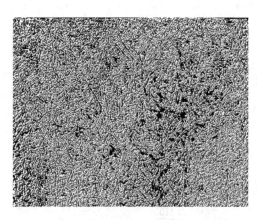

图 4-18　新 2 号合金固溶+时效状态金相图（×200）

4.6　β钛合金眼镜型材加工工艺

研制的两种 β 钛合金都可以按以下的工艺生产金属眼镜型材。

将按成分配比的原料在真空自耗电弧炉熔炼后，铸成直径为 ϕ110mm 的钛锭，车削去皮后直径为 ϕ90mm，在微氧化性气氛下，采用电炉加热至 1100℃，然后在锻压机上锻造开坯，工艺为 ϕ90mm→ϕ30mm→ϕ20mm。ϕ20mm 的锻坯在普通车床上车削表面层，去除表皮缺陷，加工后的尺寸为 ϕ17~18mm，随后用电阻炉将钛棒加热到 900℃ 时，用四辊轧机将其轧制成 ϕ8mm 的钛棒，再次采用电阻炉将 ϕ8mm 的钛棒加热到 850℃，然后多次旋锻，制成 ϕ6.5mm 的钛棒。

将 ϕ6.5mm 的钛棒继续加工，具体工艺为：ϕ6.5mm 钛棒→真空退火→轧制→ϕ4.0mm→ϕ3.5mm→碱洗、酸洗、清洗→真空退火→精轧→不同直径钛圆线。

以不同直径的 β 钛合金圆线为原料，采用"钛圆线→异型初轧→除油脂、杂质等→碱洗、酸洗、清洗→热处理（反复）→精密轧机异型精轧（四辊辊拉模精密异型拉拔）→螺压式单体压力模尺寸精整→产品表面处理（采用线材双螺旋载线抛光或半机械化抛光）→质检→包装→精密钛型材成品"生产工艺，可生产各类 β 钛合金眼镜型材系列产品。

对于眼镜用钛槽型丝，β 钛合金与纯钛加工工艺相同，生产的 β 钛合金眼镜用钛槽型丝产品型号及规格见图 4-19。

对于眼镜用钛铰链型材，β 钛合金与纯钛加工工艺略有不同，以 PR87 产品、PR174 产品为例，产品形状及规格见图 4-20，其加工工艺如下。

PR87—β 钛合金铰链产品的加工工艺：

ϕ3.5mm→"土耳其轧头"轧制→3.15mm×3.15mm（加工率 19%）→"土耳其轧头"轧制→2.85mm×2.85mm（加工率 18%）→2.55mm×2.55mm（加工率 19%）→清洗、碱洗、酸洗→真空退火炉退火→"土耳其轧头"轧制→2.40mm×2.40mm（加工率 10%）→"土耳其轧头"轧制→2.30mm×2.30mm（加工率 8%）→清洗、碱洗、酸洗→真空退

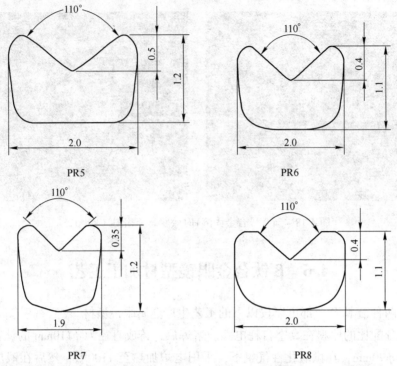

图 4-19　β 钛合金槽型丝产品形状图

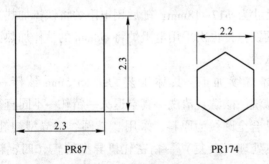

图 4-20　β 钛合金铰链产品形状图

火炉退火→热处理工艺→压力模精整→表面抛光处理→校直→产品检验→包装→成品。

　　PR174—β 钛铰链产品的加工工艺：

　　φ2.8mm→"土耳其轧头"轧制→2.60mm×2.60mm（加工率 18%）→"土耳其轧头"轧制→2.45mm×2.45（加工率 11%）→"土耳其轧头"轧制→2.35mm×2.35mm（加工率 7%）→清洗、碱洗、酸洗→真空退火炉退火→DW2A—T 精轧→2.2mm×2.2mm（加工率 5%）→热处理工艺→压力模精整→表面抛光处理→校直→产品检验→包装→成品。

　　表 4-15 是部分 β 钛合金眼镜型材产品的性能指标，从结果看，β 钛合金眼镜槽型丝产品，尺寸精度能够达到 ±0.02mm；β 钛合金眼镜铰链产品，尺寸精度可控制在 ±0.02 ~ ±0.05mm 之间，光洁度 R_a 都能达到 0.08 ~ 0.32μm，满足市场需要。

表 4-15 部分 β 钛合金眼镜型材产品的性能指标

产品 指标	PR5	PR87	PR174
$\sigma_{\rm b}/{\rm MPa}$	1322	1127	1180
尺寸精度/mm	±0.02	±0.02	±0.05
表面光洁度 $R_{\rm a}/\mu{\rm m}$	0.08~0.32	0.08~0.32	0.08~0.32

5 生物医用钛及钛合金加工工艺

5.1 绪　言

5.1.1 生物医用金属材料

5.1.1.1 生物医用金属材料的性能要求

生物医用金属材料是用于对生物体进行诊断、治疗、修复或替换其病损组织、器官或增进其功能的金属或合金，主要用于骨和牙等硬组织的修复和替换、心血管和软组织修复以及人工器官的制造。

总体来说，对医用植入物材料的要求有三个方面：材料与人体的生物相容性、材料在人体环境中的耐腐蚀性和材料的力学性能。为使植入物在体内能长期有效无排异反应，植入物应该具备以下 4 个特性。

(1) 生物力学相容性。如果由于植入物强度不足或者植入物与人体骨之间的力学性能不匹配而发生断裂失效，这就是生物力学不相容性。通常期望骨修复植入物的弹性模量与人体骨的弹性模量接近，人体骨的弹性模量在 4~30GPa 之间。目前的植入物材料硬度比人体骨高，妨碍了植入物与相邻骨的应力传递，在植入物周围引起骨吸收，因此引起种植体松动。这种引起骨细胞死亡的生物力学不相容性被称为"应力屏蔽效应"，因此，只有具有高强度和低模量（与人体骨接近）完美结合的植入材料，才能避免植入物松动并且延长使用寿命。

(2) 生物相容性。植入物材料应该对人体无毒性、在体内不会引起任何炎症和过敏反应。

(3) 耐腐蚀和耐磨性能。在体液环境中，植入物的磨损和腐蚀会导致不相容金属离子从植入物释放进入人体中，溶出的离子会对人体产生过敏反应和毒性反应；植入材料的有效使用时间取决于磨损性能，耐磨性能差会引起植入物松动并且产生磨损碎屑，在沉积的组织中引起反应，同时，植入体发生腐蚀会引起植入体几何尺寸的变化，从而影响其机械性能，甚至失效，因此，金属植入物的耐腐蚀性是生物相容性评价的重要方面。

(4) 骨结合性。植入物材料表面由于微运动与人体骨和其他组织不能很好地结合，就会导致植入物在体内松动，因此，具有合适表面对植入物与人体骨的结合是非常重要的，植入物表面化学、表面粗糙度和表面形貌都对骨结合起着主要作用。

5.1.1.2 生物医用金属材料的类别及特点

目前，金属基生物材料主要有不锈钢、钴基合金、钛及钛合金，在人体环境内，不锈钢和钴基合金比较容易发生腐蚀，溶出 Ni、Cr 和 Co 离子，对人体有毒副作用，且弹性模量比人体骨高很多，如图 5-1 所示，不锈钢的弹性模量约为 210GPa，钴基合金的弹性模量约为 240GPa，远高于人体骨约 20~30GPa 的弹性模量；而钛及钛合金有与人体骨相近的弹性模量（表 5-1）、良好的生物相容性及在生物环境下优良的抗腐蚀性能，已在临床上得到越来越广泛的应用，目前被公认为是生物医疗领域中优异的金属材料，同使用不锈钢、钴基合金等金属材料相比较，具有较大的应用优势，发展空间很大。三种植入物料的特性比较见表 5-2。

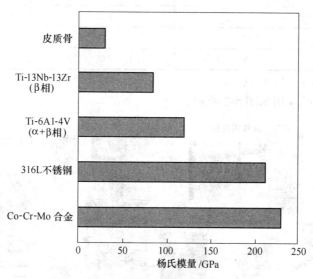

图 5-1 不锈钢的弹性模量

表 5-1 现有生物体用钛合金的力学性能

合 金	状态	E/GPa	抗拉强度 σ_b/MPa	屈服强度 $\sigma_{0.2}$/MPa	伸长率 δ/%	断面收缩率 ψ/%	类型
1 级		102.7	240	170	24	30	α
2 级		102.7	345	275	20	30	α
3 级		103.4	450	380	18	30	α
4 级		104.1	550	485	15	25	α
Ti-6Al-4V	退火	110~114	895~930	825~869	6~10	20~25	α+β
Ti-6Al-7Nb		114	900~1050	880~950	8.1~15	25~45	α+β
Ti-5Al-2.5Fe		112	1020	895	15	35	α+β
Ti-15Zr-4Nb-2Ta −0.2Pd	退火	94	715	693	28	67	α+β
Ti-13Nb-13Zr	退火	79~84	973~1037	836~908	10~16	27~53	β
Ti-15Mo	退火	78	874	544	21	82	β
Ti-35.3Nb-5.1Ta −7.1Zr	固溶	55	596.7	547.1	19	68	β

表 5-2　三种植入物材料的特性比较

材料	不锈钢 (316L)	钴铬合金 (Co-Cr 合金)	钛合金 (Ti-6Al-4V)
强　度	C	B	B
比强度	C	B	A
弹性模量	C	C	B
耐蚀性	D	C	B
耐磨性	C	B	D
耐腐蚀疲劳	C	C	B
生物相容性	D	C	B
加工性能	A	C	C

注：A—优；B—良；C—中；D—差。

钛材在人体中的应用如图 5-2 所示。

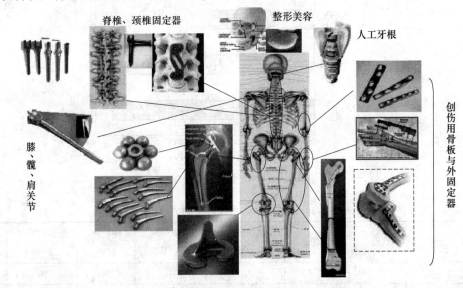

图 5-2　钛材在人体中的应用

图 5-3 所示为钛及钛合金作为植入物实例。

5.1.2　生物医用钛及钛合金

5.1.2.1　生物医用钛合金的发展历程

钛合金被誉为继铁、铝之后的"第三金属"。自从 Branemark 将钛合金用做口腔种植体后，钛合金便结束了单一作为航天材料的历史，开始在生物医用材料领域得到广泛的应用和发展。

20 世纪 50 年代，美国和英国首先将工业纯钛应用于生物体，20 世纪 70 年代后期，由于具有良好的综合性能，由美国的 Illinois 技术研究所为航空应用开发的属于（α+β）型的 Ti-6Al-4V 合金，很快应用到了医用领域。然而，随着生物医学的发展，Kiviluto、

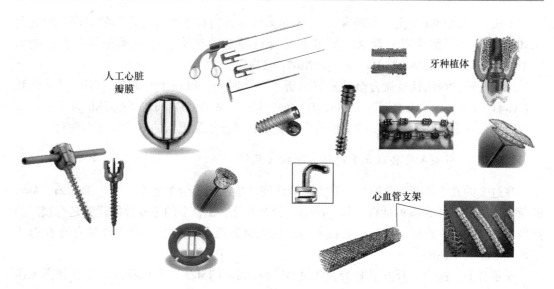

图 5-3 钛及钛合金作为植入物实例

Schiff 等人对工业上与 V 接触的工人观察，并进行动物实验认为，V 对机体有潜在的毒性；S. G. Steineman 研究了 V 在兔子体内的植入行为，也得出同样结论。由于大量关于 V 对人体具有毒性被证实，因而自 20 世纪 80 年代，德国和瑞士先后研制出无 V 的（α+β）型钛合金 Ti-5Al-2.5Fe 和 Ti-6Al-7Nb 合金。这两种合金的力学性能与 Ti-6Al-4V 相近，弹性模量为骨弹性模量的 4~10 倍，但由于不含 V，生物相容性优于 Ti-6Al-4V 合金，而材料性能没有较大的改进。Steineman 报道了金属的生物安全性，V 具有较高的细胞毒性，Al 会引起组织反应，而 Ti、Nb、Ta 和 Zr 显示出优异的生物相容性，金属的生物安全性如图 5-4 所示。因此，无毒元素 Nb、Ta、Zr、Mo 和 Sn 是设计新型 β 钛合金，具有低弹性模量、较高强度和耐蚀性更好的合金化元素的首选。

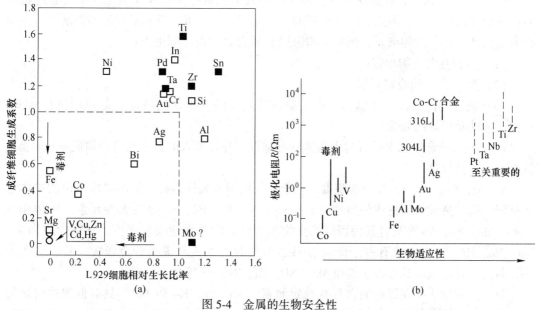

图 5-4 金属的生物安全性

（a）纯金属的细胞毒性；（b）纯金属、Co-Cr 合金和不锈钢的生物相容性与极化阻抗之间的关系

由于 20 世纪 90 年代，不断有关于 Al 对人体存在潜在细胞毒性危害的报告，因此美国和日本开始研制开发不含 Al、V 并且低弹性模量的新型 β 生物医用钛合金，例如 Ti-13Nb-13Zr、Ti-12Mo-6Zr-2Fe 和 Ti-35Nb-7Zr-5Ta 等。

综上所述，医用钛及钛合金的发展经历了三个时期，第一个时期是 α 型，以纯钛和 Ti-6Al-4V 为代表；第二个时期是（α+β）型，以 Ti-5Al-2.5Fe 和 Ti-6Al-7Nb 为代表；第三个时期是目前正在研制开发的生物相容性更好、弹性模量更低的 β 型钛合金时代。

5.1.2.2　新型医用 β 钛合金的研究现状及趋势

在过去的几十年间，专家们一直大力尝试使用生物相容合金元素（Nb、Ta、Zr、Mo）的新型 β 钛合金作为移植材料。与（α+β）合金相比，β 合金的主要性能优势是有较高的强度和较低的弹性模量，另一个制备方面的长处是高稳定 β 合金熔模铸件具有与 β 退火锻件几乎相同的性能。

爱尔兰 Howmedica 开发了 β 合金 Ti-12Mo-6Zr-2Fe（TMZF）并推荐在 β 退火状态无需任何时效处理使用这种合金，这种状态的主要优势是弹性模量极低（74~85GPa），如果需要，模数可以通过时效处理（α 相析出）增加，未时效处理状态的劣势是伴随疲劳强度降低而有较低的屈服应力。

通过去除 3% 的 Al，TIMET 调整了 β 合金 β 21S（Ti-15Mo-2.7Nb-3Al-0.2Si）的组成，因为这被认为是唯一的潜在有害组元。调整过的 β 21S 合金被称作 β 21 SRx。β 21 SRx 的氧含量从 0.10%~0.15% 增加到了 0.25%~0.30%，目的是获得与原先的 β 21S 合金相同的相位稳定度，TIMET 发表了未时效 β 退火状态的和各种不同最终时效处理之后的力学性能数据，根据热处理的不同，弹性模量的变化介于 83~94GPa 之间。

其他作为植入物使用的新型 β 合金还有 Ti-15Mo-5Zr-3Al 和日本生产的合金 Ti-29Nb-13Ta-4.6Zr 与 Ti-29Nb-13Ta-4Mo，这些合金的微结构和性质与先前描述的合金类似。

K. H. Borong 认为，钛的潜在毒性与添加的合金元素有关，毒性组元可能会通过材料对机体产生过敏反应，因此，医用材料的合金元素应以注重无毒元素的添加为前提，不应含有对人体具有毒性的组元。新型生物医用 β 钛合金的设计原则为：

（1）是否具有生物相容性；

（2）是否为 β 相稳定元素；

（3）是否能提高新型 β 钛合金在生物体环境中的其他使用性能（如高的抗拉强度、耐磨耐蚀性及较好的韧性）；

（4）加入的合金元素是否对生物体具有毒性，并且加入的合金元素必须进一步降低 β 钛合金的弹性模量。

V、Al、Co、Ni、Cr 等为细胞毒性元素，长期埋入人体内有可能溶解成自由的单体进入体液，从而造成对生物体的毒害；Ti、Nb、Zr、Ta、Pd、Sn 等为无毒元素，生物相容性好；Mo、Fe、Au 等具有某种程度的生物相容性。就低弹性模量而言，纯钛中添加 Zr、Nb、Mo、Hf、Ta 等元素有利于降低 β 钛合金的弹性模量和提高合金强度，基于这些考虑，目前开发的医用钛合金主要由 Mo、Nb、Ta、Zr、Sn 等合金元素组成。

目前已开发或正在研制的含有 β 稳定元素（Nb、Zr、Mo 和 Ta）、具有低弹性模量的生物体用 β 型钛合金，包括美国开发的 Ti-13Nb-13Zr、Ti-35Nb-7Zr-5Ta、Ti-12Mo-6Zr-

2Fe、Ti-15Nb、Ti-35.3Nb-5.1Ta-7.1Zr 合金和日本开发的 Ti-29Nb-13Ta-4.6Zr 合金，正在研制之中的有美国开发的 Ti-16Nb-10Hf 和 Ti-15Mo-3Nb 合金。

其中 Ti-13Nb-13Zr 合金是研制成功并已被允许临床采用的合金，是一种具有低弹性模量（65GPa，Ti-6Al-4V ELI 合金的弹性模量为 101GPa）、高强度（抗拉强度 732MPa，屈服强度 510MPa）和抗腐蚀性，以及良好生物相容性等综合性能良好的近 β 型生物医用钛合金。

目前，钛合金用作生物医用材料时的主要缺陷是弹性模量过高，与人体骨的弹性模量相差很大，在植入人体环境中会导致植入物与人体骨之间出现"应力屏蔽"，导致骨吸收，最终引起植入物失效；而钛合金具有较低的弹性模量，不同的钛合金弹性模量在 55~110GPa。图 5-5 所示为各种生物医用合金的弹性模量和人体骨弹性模量的比较。表5-3是各种生物医用钛合金的力学性能。可以看出，第二代生物医用钛合金弹性模量明显比第一代低，合金设计时 Nb 含量有增加的趋势且都是 β 型钛合金，Ti-35Nb-7Zr-5Ta 和 Ti-29Nb-13Ta-7.1Zr 合金具有最低的弹性模量 55MPa，与人体骨的弹性模量最接近，因此，开发较低弹性模量的生物医用 β 型钛合金成为该领域的研究热点。

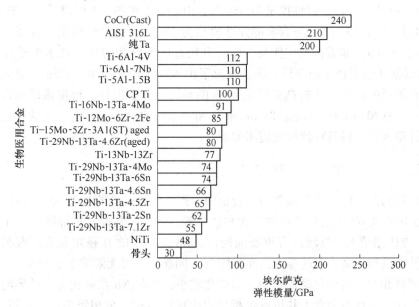

图 5-5　生物医用合金的弹性模量

表 5-3　生物医用钛合金的力学性能

材　　料	标　　准	弹性模量/GPa	拉伸强度/MPa	合金类型
第一代生物材料（1950—1990）				
Commercial pure Ti（CP grade 1-4）	ASTM 1341	100	240~550	α
Ti-6Al-4V ELI Wrought	ASTM F136	110	860~965	α+β
Ti-6Al-4V ELI Standard grade	ASTM F1472	112	895~930	α+β
Ti-6Al-7Nb Wrought	ASTM F1295	110	900~1050	α+β

材　料	标　准	弹性模量/GPa	拉伸强度/MPa	合金类型
Ti-5Al-2.5Fe	—	110	1020	α+β
第二代生物材料（1990-至今）				
Ti-13Nb-13Zr Wrought	ASTM F513	79～84	973～1037	Metastable β
Ti-12Mo-6Zr-2Fe（TMZF）	ASTM F1813	74～85	1060～1100	β
Ti-35Nb-7Zr-5Ta（TNZT）		55	596	β
Ti-29Nb-13Ta-4.6Zr		65	911	β
Ti-35Nb-7Zr-5Ta-0.40（TNZTO）		66	1010	β
Ti-15Mo-5Zr-3Al		82		β
Ti-Mo	ASTM F2066			β

近年来，美国和日本都致力于开发进一步提高铌含量且弹性模量更低的合金系列（如 Ti-35.3Nb-5.1Ta-7.1Zr 及 Ti-29Nb-13Ta-4.6Zr 合金）。由日本开发的低弹性模量 β 钛合金 Ti-29Nb-13Ta-4.6Zr，弹性模量为 65GPa。由表 5-3 和图 5-5 可以看出，Ti-35Nb-7Zr-5Ta 合金和 Ti-29Nb-13Ta-7.1Zr 合金的弹性模量为 55GPa，该弹性模量与致密骨的弹性模量（最大约 28GPa）非常接近，能与人体骨有较好的力学相容性。日本丰桥技术大学的 Niinomi 等根据 d 电子合金的设计方法，提出了由 Nb、Ta、Zr、Mo 和 Sn 一类无毒元素组成的，具有较低弹性模量和较高强度的新型 β 型钛合金的设计，根据该研究设计出的 β 型钛合金——Ti-Nb-Ta-Zr、Ti-Nb-Ta-Mo 和 Ti-Nb-Ta-Sn 系合金，具有较低的弹性模量，预计用作外科植入物材料具有较好的应用前景。

5.1.2.3　近 β 型 Ti-13Nb-13Zr 合金

目前开发的低弹性模量生物医用钛合金中，弹性模量最低的是 Ti-35.3Nb-5.1Ta-7.1Zr 和 Ti-29Nb-13Ta-4.6Zr，它们都添加了铌和锆元素，因为这两种元素都属于"生物金属元素"，在生物医用植入物领域占有重要的地位。Nb 是重要的 β 稳定元素，有利于降低钛合金的弹性模量和提高合金的强度，而且铌为 β 同晶元素可无限溶于 β 钛中。由于 Nb 与 Ti 的原子半径相当，合金化时产生的晶格畸变较小，因此 Nb 在强化合金的同时，还能保持较高的塑性，而且不会发生共析或包析反应生成脆性相，金相组织稳定性好。元素 Nb 作为合金化元素时比例一般为 10%～40%，过低时不利于 β 相形成，过高则不利于合金的性能和比重。合金元素 Zr 与 Ti 具有相同的晶体结构，也具有 α-Zr 和 β-Zr，能与钛形成无限固溶体。α-Zr 和 β-Zr 的原子半径分别为 0.1585nm 和 0.1562nm，α-Ti 和 β-Ti 的原子半径分别为 0.1448nm 和 0.1429nm。锆的 α 态和 β 态原子半径分别比两种晶型钛的大 9.46% 和 9.31%，所以加入锆可以在不降低合金塑性的情况提高合金强度。当锆含量大于 15% 时，对合金的强度影响较小，但会使合金的塑性急剧下降，而且加入合金元素锆可以降低合金的弹性模量，弹性模量的本质是原子间结合力大小的外在表现。Zr 的原子半径比 Ti 和 Nb 的原子半径都大，所以锆的加入可以增大合金的晶格常数，增加原子之间的距离，从而降低原子间结合力以达到降低弹性模量的目的。

Ti-13Nb-13Zr 合金是美国的 Smith 和 Nephew Richards Inc. 以生物医用材料为目的的研究

开发的，该合金具有低弹性模量、高强度、高韧性、耐疲劳、耐腐蚀以及优良的生物相容性，弹性模量为79MPa，是一种理想的医用钛合金，尤其在医用领域备受关注。

该合金属于近β合金，淬火状态由密排六方（hcp）马氏体 α′相组成，时效状态由密排六方（hcp）马氏体 α′相和亚显微结构的体心立方（bcc）β析出相组成，但由于 Nb、Zr 属于高熔点难熔金属，用传统自耗电极熔炼法制备该材料能耗高，Ti-13Nb-13Zr 加工成本也相应增加。为解决优良性能材料昂贵加工成本的问题，新的低成本成型工艺方面的改进及研究也取得很大的进展。粉末冶金技术由于在零部件近净成形方面具有优势，从而能大大提高材料利用率，降低加工成本，因此成为制备低成本钛合金的重要技术。

目前钛合金的研究开发向降低合金弹性模量，添加 Nb、Zr 和 Ta 等生物合金元素提高合金对人体的安全性方向发展，以开发综合性能更优异的新型 β 钛合金，以及对钛合金进行表面改性，提高耐磨性和耐腐蚀性能。具有低成本、低弹性模量和良好综合性能的新型钛合金将成为很有发展前途的生物医用材料。

5.2 生物医用钛材表面处理工艺

5.2.1 概述

钛及钛合金属于生物惰性材料，其出色的生物相容性主要依赖于钛材表面在空气中自然形成的 TiO_2 氧化层。在自然环境中纯钛表面形成的 TiO_2 氧化层通常只有 1.8~17nm 厚，粗糙度在 0.53~0.67μm 之间。钛及钛合金表面的氧化层具有较低的固有毒性，在水中的溶解度很低且与生物分子的反应活性很低，接近化学惰性。此外，纯钛能够吸附如白蛋白、胶原酶、纤维粘连蛋白等特定蛋白分子，促进细胞的黏附；同时钛表面也支持细胞生长、增殖和分化。

尽管钛及钛合金具有前述优点，但同时作为临床应用钛及钛合金仍存在以下缺点：

（1）纯钛耐磨性差，磨损后生成的游离磨屑被骨吸收后容易诱发炎症，且由活性白细胞所释放出来的 H_2O_2 会与钛的氧化层发生反应，加速钛氧化层的溶解。

（2）钛合金结构虽然生物相容性好，但性质与人体骨组织相差很大。由于金属材料无生物活性，因而不能很好地诱导羟基磷灰石（骨骼主要成分）的形成，导致钛及钛合金与骨组织的结合呈现"机械啮合"的状态，钛及钛合金与骨结合处被一薄层非矿物质层分开，并无生物意义上的结合。

理想的医用钛材应保持本身固有属性，并根据临床应用需要对耐磨性及表面生物活性等进行改善。因此，为了获得优异的耐磨性及良好的生物活性以达到优异的骨整合效果，缩短骨整合周期，通过钛及钛合金表面改性处理以获得良好的成骨能力是非常重要的生物医用钛材制备工艺。

5.2.2 钛及钛合金表面改性工艺

钛及钛合金的表面改性主要分为两个方面：（1）改变表面形貌结构；（2）优化表面化学成分。近年来，有研究报道可通过喷丸、酸蚀、碱处理、阳极氧化、微弧氧化及各种沉积技术等方法来提高纯钛与骨的结合能力。研究表明纯钛经表面改性之后能形成具有一定粗糙度的分级多孔形貌特征和锐钛矿结晶相，其具有更好的生物活性。Young 等发现，由阳极氧化制备的多孔锐钛矿或金红石的生物活性有利于生长磷灰石。纯钛表面分级多孔形貌结构有利于成骨细胞分化变异，但成骨细胞增殖能力相比光滑钛表面却大大降低了。研究报道可通过改变钛表面化学成分来提高成骨细胞增殖能力，Tsukimura 发现钛表面的层加快了细胞的增殖能力。可见，纯钛种植体表面改性方法很多，主要可以归类为机械方法、物理方法和化学方法等，见表 5-4。下面主要介绍钛及钛合金金属表面改性途径及其优缺点。

表 5-4　钛及钛合金表面改性方法

方　　法	工　　艺	结　　论
机械方法	抛光	改变表面的形貌、粗糙度，提高结合力等
	研磨	
	机械加工	
	喷丸喷砂	
物理方法	物理气相沉积	改变表面成分，提高表面耐磨性和生物相容性
	等离子喷涂	
	离子注入	
	激光熔覆	
	热喷涂	
化学方法	酸碱处理	引入生物活性涂层，提高生物相容性和
	溶胶-凝胶	
	阳极氧化	
	微弧氧化	
	化学气相沉积	
	电化学沉积	

5.2.2.1　机械方法

常见的机械方法主要有打磨、抛光、喷丸喷砂等，其主要目的是去除其表面污染，同时获得特定的表面形貌和粗糙度，进一步提高表面结合强度。

A　机械加工

通过机械加工的方法可获得具有不同纹理结构和刻痕的表面，对细胞的黏附、增殖等功能将有不同的影响。

B　抛光

为了去除表面污染并获得光滑的表面，可以采用砂纸或抛光布对纯钛表面进行打磨和抛光处理。

C　喷丸喷砂

喷丸喷砂强化，是在一个完全控制的状态下，将无数小圆形（为钢丸）或氧化锆等的介质高速且连续喷射，捶打到零件表面，从而改变试样表面状态并产生一个残余压应力层。喷丸喷砂不仅可达到强化材料表面的目的，而且还能改善材料表面活性和增加表面粗糙度。其中弹丸可根据工件选用不同的材质，如铸钢丸、铸铁丸、陶瓷丸、玻璃丸等，而喷丸和喷砂的区别主要是所选的弹丸材质不同。首先通过夹具将样品固定在容器壁上，容器内放置大量的喷丸球颗粒并充满惰性保护气体。工作时，喷丸球喷砂颗粒从各个方向与样品表面发生大能量碰撞使样品表面产生塑性变形，其中喷丸球的速度及工作压力是可控制调节的。

喷丸喷砂工艺除了可以清理纯钛表面杂质之外，由于弹丸颗粒与材料表面的动态接触，还可以引起材料粗糙度的提高和表面机械约束。根据弹丸颗粒的尺寸大小，喷丸处理之后材料表面的粗糙度有很大的变化范围，从 $0.5 \sim 1.5 \mu m$ 到 $2 \sim 6 \mu m$。由于表面粗糙度的变化，喷丸后纯钛表面与骨组织的接触面积增大，可增强成骨细胞在纯钛表面的粘连、增殖和分化。但粗糙度过大可能引起材料的抗腐蚀性的降低，促进离子的释放，增加炎症的几率。纯钛表面粗糙度大小与其生物活性的关系需进一步研究。

此外，机械方法也常用作其他表面改性方法如阳极氧化的预处理措施。高的表面粗糙度和少量表面缺陷可使维护氧化层与基体形成微机械咬合作用，进而增加氧化层与基体的结合力。

5.2.2.2 物理方法

物理方法改性是指在整个改性过程不发生化学反应或只发生极小程度化学反应的一类改性方法，主要包括等离子喷涂、离子注入、物理气象沉积和激光熔覆等。物理方法并不能改变纯钛表面的化学成分及化学特性。通常通过物理方法可改变纯钛表面的形貌状态及其粗糙度，以增强种植体与硬组织界面的机械锁合作用，从而促进成骨细胞的附着和诱导骨整合作用。

A 等离子喷涂

等离子喷涂技术是将粉末涂层材料送入由直流电驱动的等离子电弧中，使其加热到熔融或半熔融状态之后在基底表面上铺展的一种工艺。通常使用钛浆或羟基磷灰石进行喷涂沉积，并以高速喷向经过预处理的工件表面形成附着牢固的表面层。

目前等离子喷涂是工业生产中最常用植入羟基磷灰石涂层的方法。通过等离子喷涂方法生成的羟基磷灰石涂层（HA）在人体内长期使用将会引起某些不良后果，如涂层脱落、与生物分子进行反应，进而发生炎症等。

B 离子注入

离子注入技术是近几十年来在世界范围内快速发展和越来越广泛应用的一种金属材料表面改性方法。其基本原理是：注入材料的离子在高能量电场中加速之后注入到基底材料中，并改变基底材料的元素组成。离子注入技术通常用来改变材料的物理、化学以及电性能等，并应用于半导体器件的制造、金属表面处理和各种材料科学的研究中。

氧是离子注入改善钛合金表面机械、物理化学和生物相容性的最常用的元素之一，此外还有和金属离子等元素，其中注入氮离子可增加材料表面的硬度、抗腐蚀性及耐磨性等。离子的渗透深度是由离子的能量、离子的种类和目标材料组合物决定的。通常离子注入的作用范围是从纳米至微米，因此，离子注入技术对改变材料浅层表面的化学结构非常有意义。研究发现，在钛和钛合金表面注入钙、镁等离子都能增强种植体表面的生物活性。

C　物理气相沉积

物理气相沉积法是指将由固体或液体表面气化而成的气态原子或分子冷凝，并在目标材料表面沉积薄膜的真空沉积方法。物理气相沉积方法是纯粹的物理过程，一般是在高温真空条件下蒸发之后冷凝或者溅射轰击。

物理气相沉积技术通常可分为以下几种方式：

(1) 阴极电弧沉积，即阴阳极之间高电流的离子化蒸汽经过场发射或热发射等沉积在工件表面上。

(2) 电子束物理气相沉积，指在高真空环境下高能量密度的电子束将靶材加热至蒸发状态，并扩散至目标材料表面，最终冷凝成沉积层。

(3) 蒸发沉积，是指通过加热方法使靶材蒸发。其他还包括脉冲激光沉积方法等。物理气相沉积技术工艺过程相对简单，对环境污染少，且沉积层均匀并与工件的结合力强，但该方法对设备要求高。

D　激光熔覆

激光熔覆是指采用不同的添料方式在待熔覆基体表面上放置涂层材料，并经激光辐照使涂层材料和基体表面相互接触的薄层同时熔化，快速凝固后形成与基体结合的表面涂层。激光熔覆技术不仅可应用于对材料的表面改性，还可对产品进行修复，如对模具进行修复。

5.2.2.3　化学方法

化学方法通常会引入化学涂层或氧化层，导致表面层成分的变化，改性过程中会发生剧烈的化学反应。这里所说的化学方法主要包括表面化学处理（酸碱处理、过氧化氢处理等）、溶胶凝胶技术、阳极氧化、电化学沉积、微弧氧化、生物化学改性等。化学方法相比机械方法和物理方法，不需要复杂的设备，操作相对简单；并且可以通过调节溶液的成分浓度来控制化学涂层或氧化层成分、厚度及其分布；可在复杂形状规格的材料表面进行均匀成膜。因此化学法逐渐成为近年来的研究热点。

A　酸碱处理

酸腐蚀方法是指根据金属材料耐酸特性采用不同浓度或种类的酸溶液对其表面的氧化层进行刻蚀，以去除表面的氧化层或残留的杂质，亦可发生晶界腐蚀形成孔结构或裂纹形貌状态。纯钛表面的氧化层通常比较稳定，一般常温下，在 HCl、HF、双氧水等作用下才能发生化学反应，引起表面层成分和形貌的改变。同时混合酸酸处理可用于纯钛表面的前期处理或与其他化学处理方法结合，所采用的酸溶液种类、浓度以及酸处理顺序对材料表面形貌状态及粗糙度影响极大。经过不同类型的酸溶液处理之后的纯钛种植体表面将具有不同程度的粗糙度，与只进行机械打磨抛光处理的种植体表面相比，表面积大大增加，可为细胞的黏附和生长提供更多的空间并增强机械锁合作用，因此经过酸处理之后的种植体表面更能诱导骨整合作用，使得成骨细胞能更好地与纯钛种植体结合。

B　溶胶凝胶法

溶胶凝胶技术就是利用含有高化学活性即易水解成分的化合物作先驱体，如无机盐或金属醇盐，在液相下将各种原材料混合均匀并与水发生反应，经水解、缩聚反应形成稳定的透明溶胶，随后将溶胶涂覆在基底材料表面后进行干燥、烧结或热处理，最终形成涂层。

溶胶凝胶法是一种低温条件下合成无机材料的重要方法，而用该方法进行纯钛种植体表面改性是指将由一定比例钙磷溶液配制的溶胶液涂在材料表面上，在一定温度下热处理之后形成羟基磷灰石薄膜。该方法制作简单、造价低。通过溶胶凝胶法在纯钛种植体表面形成的钛磷灰石层可提高生物活性性能。

C　阳极氧化

阳极氧化（anodic oxidation）是指金属或合金的电化学氧化。纯钛金属的阳极氧化过程中，纯钛作阳极，石墨板或钢板作阴极，以硫酸、磷酸、草酸等溶液为电解液，通过一定的直流电进行恒流或恒压电化学处理。在电解过程中，电解液中氧或酸的阴离子与阳极纯钛表面发生电化学作用并生成氧化膜。在一开始时，这个氧化膜不够致密，但随着电解液中的氧阴离子继续扩散至钛表面与钛反应形成氧化膜后，膜的厚度和致密度逐渐增大，电阻也随着变大，直至形成稳定的氧化膜。最终形成的二氧化钛氧化膜厚度一般为100nm至几个微米，该氧化膜与基体表面结合力强，具有耐腐蚀、抗磨损等优点。阳极氧化方法相对简单且成本低廉，该方法不仅能增强纯钛种植体的耐磨性和耐腐蚀性能，还能形成具有纳米级孔洞结构的表面形貌状态。

阳极氧化过程中电解液的成分、浓度、温度以及其他电参数影响，形成的氧化膜层状态，如表面的孔结构大小、表面粗糙状态及表面化学成分等，均可通过阳极氧化方法调节钛表面膜层的形貌结构以有效改善表面氧化钛的生物活性能。国内外已有许多研究表明通过特定的阳极氧化工艺改性后的钛表面形成的具有一定粗糙度的多孔氧化钛膜层，能提高种植体的生物活性，并可促进成骨细胞在其表面上黏附、铺展。

D　微弧氧化

微弧氧化（micro-arc oxidation）技术，也称等离子微放电氧化，是指在普通阳极氧化的基础上，大大升高外加电压（可高达1000V）或电流，使得氧化膜在高温高压条件下发生电化学反应。金属材料表面是否存在完整的绝缘氧化层膜是微弧过程中能否诱发电火花现象的重要因素。当加载的电压超过某一值，即电击穿临界电压值时，金属材料表面的绝缘氧化层膜发生击穿，产生微弧放电，可观察到电火花现象，瞬间产生高温区域以致氧化层及基底金属熔化甚至气化。随后熔融物与周围电解液接触发生反应，在基底表面形成新的膜层。形成新氧化膜的部位电阻大大升高，因此在其他相对薄弱的氧化层发生新的击穿，最终在材料整个表面形成均匀完整的膜层，并且由于不同的击穿程度，该膜层具有多孔结构，而孔径大小与所加载的电压大小及电解液浓度、种类等因素有关。

微弧氧化技术常用于耐热、耐磨件的表面处理，以及电工材料、生物材料等的表面改性。纯钛及其合金在自然条件下，其表面将迅速生成很薄的一层氧化物绝缘膜，因而纯钛金属及钛合金可作微弧氧化阳极，通过微弧氧化技术进行表面改性。纯钛表面经微弧氧化处理形成的多孔结构膜层与"骨小梁"结构类似，有利于骨整合作用，并且形成的氧化层较厚，耐磨性及抗腐蚀性能强。此外，可在电解液中添加钙、磷元素，通过微弧氧化处理将微量元素复合到纯钛表面的氧化膜层，进而提高种植体的生物活性，诱导羟基磷灰石在表面的沉积速度。

　　微弧氧化技术存在的产能问题是限制其广泛应用到工业领域的主要因素。除此之外，还存在电解液的冷却、耗能大、能源利用率低以及噪声等问题。

　　目前，纯钛表面机械、物理以及化学等各种方法的改性原理和方法的应用方面取得了较大进展，在提高种植体生物活性性能和促进骨整合作用方面均取得了较大的进步，但深入理解改性原理、研究表面结构与生物行为机制、降低成本等，将是进一步研究及应用的内容和重点。

6 钛及钛合金粉末冶金工艺

6.1 钛及钛合金的传统粉末冶金制备方法

生产钛及钛合金材料的另一种方法是粉末冶金（P/M）工艺，传统钛粉末冶金方法与普通粉末冶金大致相同。钛的传统粉末冶金工艺流程为：钛粉（或钛合金粉）→混合→压制成形→烧结→辅助加工→钛制品。先将钛粉（或钛合金粉）混合均匀，压制成形，再经过烧结，最后经过后续辅助加工。传统的粉末冶金方法一般采用烧结钛及钛合金粉末制取钛产品，利用这种方法很难在烧结后直接获得接近致密的钛产品，一般需要热等静压处理，进一步提高材料的烧结密度，这不可避免地增加了产品的成本，此外用这种方法制得的产品中，氧含量过高也是一个较难解决的问题。

由于钛与氧有很高的亲和力，极易被氧化，所以烧结工序必须在真空条件下进行，并且要保持较高的真空度，目前，钛及钛合金粉末冶金的发展向高性能化、低成本化和多功能化方向发展，通过压制、真空烧结得到致密度较高的材料。

粉末冶金是一种近净成形的加工方法，是制造低成本钛合金的理想工艺，钛的粉末冶金主要分为预合金法和混合元素法两类，预合金法（PA）是将合金元素与海绵钛一起熔化以后，经雾化法制备预合金粉，通过热等静压制备粉末合金的方法，由于早期钛粉制备技术不太成熟，所以早期的粉末钛合金大多采用预合金法制备。混合元素法（BE）是将钛粉与合金元素粉混合后进行成形，再经过真空烧结过程，随着氢化脱氢制取钛粉技术的发展，混合元素法制备钛合金也得到了较快的发展，混合元素法的工艺比预合金法简单，而且可以灵活添加各种合金元素，因此对降低制备成本更具优势。目前已经研究出的钛合金有100多种，然而只有20~30种达到商业应用水平，其原因主要是钛合金价格昂贵，阻碍了钛及钛合金的广泛应用，特别是医用等民用领域。研究证明，与传统熔炼钛合金材料相比，根据形状复杂程度，粉末冶金方法制备的钛合金，成本可以降低20%~50%，拉伸性能达到甚至超过熔炼锻造材料的水平；而且粉末冶金方法是一种少切削或无切削的近净成形加工工艺，材料的利用率可以达到几乎100%，是能大幅降低钛及钛合金零部件成本的有效途径之一。

钛的粉末冶金特点：

（1）能生产熔铸法无法生产的材料，如各种难熔钛化合物材料、熔点相差很大的钛合金；

（2）钛合金产品的偏析少；

（3）材料利用率高，是一种切削少的近终形成形加工工艺；

（4）流程短，工序少，可以降低成本。

6.2 钛及钛合金的新型粉末冶金制备方法

粉末冶金法可以显著降低钛材的制造成本，但是传统粉末冶金法的主要缺点在于材料中存在残余孔隙等缺陷，难于消除，直接烧结的产品致密度不高，导致产品的性能有所下降，图 6-1 所示的新工艺路线为钛合金粉末冶金新工艺，可能成为降低钛材生产成本最有效、最具发展前景的方法，特别适用于产品形状复杂的医用钛材的制备。

该工艺所具有的优势是可以直接将氢化钛及合金粉末烧结制得接近最终产品尺寸的钛半成品，然后再经过压力加工获得产品，该方法减少了 2~3 次真空自耗熔炼。获得大直径铸锭后，再开坯锻造等程序，缩短了工艺流程，提高了材料的成材率，而且可以直接烧结获得大于 98% 密度的高致密钛合金，同时由于氢的存在，减少了钛的氧化，有效降低了产品中的氧含量。

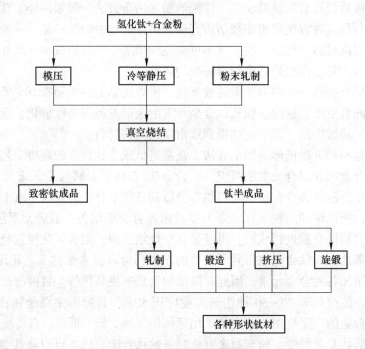

图 6-1　用氢化钛制造钛材的新工艺

与传统的纯 Ti 粉作为烧结原料相比，新工艺的优势在于首先直接烧结 TiH_2，而不是脱氢后的钛粉，缩短了工艺，降低成本；其次，由于氢元素的存在，TiH_2 粉末的化学活性较低，减低了钛被氧化的可能性，使产品氧含量降低；最后，以 TiH_2 为原料直接烧结，脱氢后生成的新鲜钛表面产生大量晶格缺陷，对扩散传质有利，合金化能力更强，使烧结更容易进行，可以得到较高的致密度，不需要进一步热等静压处理。

利用氢的可逆合金化作用，可改善钛合金粉末本身的扩散加工性能，降低钛合金粉末成形时的烧结温度和烧结压力，缩短烧结时间，降低孔隙率，相应提高产品的力学性能。这是由于氢在钛中的自扩散和溶质扩散能力较高，尤其是在 β 相内的扩散能力更高，氢原子可以提高 Ti 原子的扩散系数，加速合金元素的扩散，降低原子结合能，减小扩散激活能，提高扩散协调变形能力，从而加速烧结过程，获得较致密的烧结样。此外，由于氢的扩散解析作用而使钛中的空位浓度和位错增加，增大了钛的表面活性，降低了烧结过程的自由能，这都为钛合金在较低温度和较低压力下烧结提供了条件。因此，以下采用的新的粉末冶金技术制备钛合金，以氢化钛粉与合金元素为原料，用混合元素法（BE）压制成形，同时完成氢化钛的脱氢和粉末的烧结，可制得致密度达到99%的钛合金制品，其性能达到或超过锻造机加工产品性能。

6.3 国内外采用粉末冶金工艺制备钛及钛合金的研究状况

粉末冶金具有近净成形的优势，是大幅降低钛及钛合金生产成本的有效方法，尤其对于生物医用钛及钛合金部件的制备，由于几何尺寸复杂多样，因此，粉末冶金法在该领域具有非常大的吸引力，近年来越来越受到人们的重视并进行了大量研究。

6.3.1 国内研究进展

2000 年，Bing-Yun Li 等人研究了传统粉末冶金烧结多孔 Ni-Ti 合金，添加 TiH_2 作为造孔剂，结果发现，TiH_2 的添加增强了多孔 Ni-Ti 合金的记忆效应，而且对显微组织和弹性模量也有显著的影响，添加不同量的 TiH_2，对孔隙的形状和尺寸产生影响，增加 TiH_2 的量，孔隙变小，数量增多，孔隙的分布更均匀。

2005 年，喻岚等人分别采用传统模压方法和注射成形方法，以 TiH_2 粉和 Al-V 合金粉制备了 Ti-6Al-4V 合金。结果表明，以氢化钛粉为原料，脱氢、脱脂效果显著，采用传统模压法制备的 Ti-6Al-4V 合金，可以得到抗拉性能在 850 MPa 以上的烧结样。

2009 年，戴坤良等人对 TiH_2 粉末的模压行为及 TiH_2 压坯在不同气氛里烧结进行了研究，结果表明，TiH_2 粉成形性很差，添加成形剂能够显著改善粉体的成形性能，采用润滑模具方式比较容易获得高质量压坯，而且合理的 TiH_2 粉体压制压力范围为 600~700MPa。烧结结果表明，在氩气氛和氢气氛的烧结样相对密度较高、晶粒较大，真空烧结的试样相对密度较小、晶粒也较小。原因是在氩气氛和氢气氛中烧结，氢的脱除会相对滞后，氢促进 Ti 扩散，促进晶界迁移，晶粒很快长大；在真空中烧结，氢很快脱除，对 Ti 的扩散作用减弱，晶粒长大较慢，因此晶粒细小。

2009 年，刘素红等人对 TiH_2 粉末注射成形（MIM）的烧结工艺进行了研究，研究了不同工艺因素对 MIM 钛制品致密度、微观组织和力学性能的影响。结果发现，在高纯氩气保护，1300℃ 烧结 3h 可得到较高密度的烧结样，致密度达到 98.52%，收缩率达到16%。

以上资料表明，国内对直接烧结 TiH_2 制备钛材开展了一些研究，分别以添加 TiH_2 作为造孔剂，制备多孔 Ni-Ti 合金；采用模压和注射成形方法，制备 Ti-6Al-4V 合金，以及对 TiH_2 粉末模压后在不同气氛烧结。目前，在不添加任何成形剂的情况下，直接以 TiH_2 为原料，添加 60Al-40V 预合金粉或者 NbH 和 ZrH_2 粉，采用冷等静压成形烧结制备钛及其合金方面的研究在国内尚未见报道。

6.3.2 国外研究进展

乌克兰的 O. M. Ivasishin 教授等人用氢化钛粉代替普通钛粉，经冷压成形和真空烧结等工艺后，制备的粉末冶金产品密度达到了理论密度的93%~97%。

2001年，V. A. R. Henriques等人以取代生物医用Ti-6Al-4V合金为目标，采用粉末冶金方法制备了Ti-6Al-7Nb合金，将混合粉先单向模压，接着冷等静压，然后在20MPa进行热等静压烧结处理，热压温度在1100~1500℃范围内，获得较高致密度试样，烧结样相对密度在99.3%~99.8%之间。

2003年，C. R. F. Azevedo等人采用粉末冶金方法，通过将Ti-6Al-4V合金棒材氢化、球磨、脱氢、压制和烧结以及球磨后直接压制烧结的工艺，对比两种工艺制备Ti-6Al-4V合金。结果发现，在其他条件相同的情况下，未经过脱氢的烧结样收缩率比经过脱氢的烧结样大，而且孔隙率较低。

2003年，V. Bhosle等人研究了纳米TiH_2粉的脱氢以及致密化行为，结果发现TiH_2的脱氢过程主要有两个过程，即$TiH_2 \rightarrow TiH_x \rightarrow Ti$。脱氢过程动力学由粉末颗粒的比表面积和烧结气氛控制，与松散的粉末相比，压坯的脱氢过程在较高的温度下进行，并且在真空条件下，970K烧结纳米TiH_2粉，可以得到接近全致密的纯Ti。

2004年，E. B. Taddei等人采用粉末冶金法，对Ti、Nb、Zr和Ta进行氢化，直接烧结各氢化态的混合物，在900~1700℃温度范围内不同温度烧结1h，成功制备了Ti-35Nb-7Zr-5Ta合金，1700℃时得到完整的β组织，烧结相对密度达到97%。

2005年，D. R. Santos等人采用混合元素法制备了低弹性模量Ti-35Nb合金，在1500℃烧结2h，相对密度达到97%以上，尽管烧结样得到满意的拉伸性能，但疲劳性能不如锻造产品。

TiH_2（或合金）粉经冷等静压、烧结后制得的各种钛材半成品如图6-2所示。

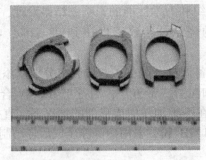

图6-2　TiH_2（或合金）粉经冷等静压、烧结后制得的各种钛材半成品（ADMA）

图6-3所示为新工艺制造的钛材实例。

图 6-3　新工艺制造的钛材实例

目前，欧美一些公司大力推行利用氢化钛粉或合金粉，经压制成型直接烧结制备钛材的新方法，用该工艺制造的各种钛材已在市场上得到了应用，美国 ADMA 公司与美国陆军、海军、RTI 国际金属公司、Plymouth Engineered shape 公司及 Dynamic Flowform 公司合作，利用这种新技术制造出各种各样的钛材，为美国陆军、海军、波音公司、空客公司及其他一些公司提供各种钛材零部件，采用粉末冶金法制备低成本生物医用钛及钛合金已经成为国内外钛科研工作者的普遍共识。近年来美国一些企业开始研究 TiH_2 粉末直接成型烧结制备 Ti 及其合金材料，采用该工艺制备的产品在成本上具有较大优势，不过目前尚未形成稳定的生产工艺。

6.4　试验方法及基本工艺

6.4.1　试验原料、仪器及设备

6.4.1.1　试验原料

试验采用外购的 TiH_2、NbH、ZrH_2 粉和 60Al-40V 预合金粉，原料化学成分分别见表 6-1~表 6-4，相应粉末的 SEM 显微形貌如图 6-4~图 6-9 所示。

表 6-1　TiH_2 粉末的化学成分

元素	TiH_2	Fe	Si	Cl	C	N	O	粒度
含量（质量分数）/%	≥98.89	0.06	0.02	0.06	0.02	0.45	0.28	$-48\mu m$

表 6-2　60Al-40V 粉末的化学成分

元素	V	Fe	Si	C	O	Al	粒度
含量（质量分数）/%	41.06	0.11	0.10	0.033	0.036	余量	$-48\mu m$

表 6-3　NbH 粉末的化学成分

元素	NbH	C	N	O	Fe	Si	Al	粒度
含量（质量 分数）/%	≥99.9	0.024	0.04	0.30	0.015	0.002	0.001	−80μm，−38μm

表 6-4　ZrH$_2$ 粉末的化学成分

元素	ZrH$_2$	Zr+ Ha	Fe	Cl	Ca	Mg	粒度
含量（质量分数）/%	≥99.5	≥99.4	0.2	0.02	0.02	0.1	−38μm

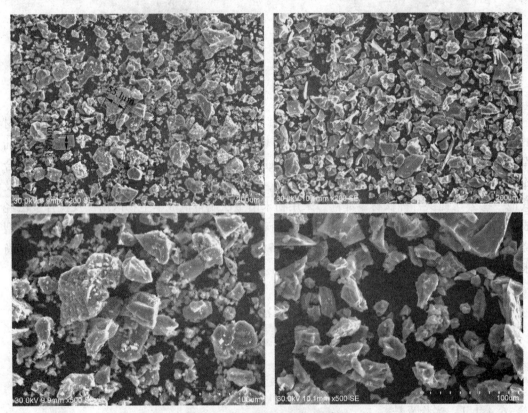

图 6-4　TiH$_2$ 粉末的 SEM 形貌图

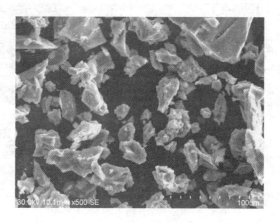

图 6-5　60Al-40V 粉末的 SEM 形貌

图 6-6　-80μm NbH 粉末的 SEM 形貌图

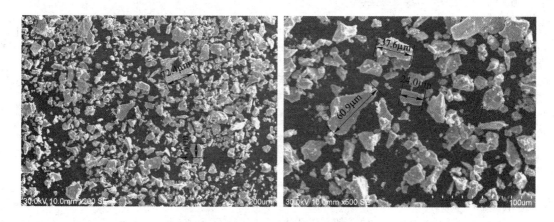

图 6-7　-38μm NbH 粉末的 SEM 形貌图

图 6-8 $-38\mu m$ ZrH_2粉末的 SEM 形貌图

图 6-9 $-38\mu m$ TiH_2、NbH 和 ZrH_2混合粉末 SEM-BSE 形貌图

6.4.1.2 实验仪器及设备

试验中各工序使用的设备名称及设备性能见表 6-5,真空烧结炉如图 6-10 和图 6-11 所示。

表 6-5 试验所用的主要设备

设备名称	设备型号	用途	主要性能特点
多向运动混合机	HD	粉末混合	
冷等静压成形设备	KJYS150	压制成形坯	最高压力为 390MPa
高温高真空烧结炉	ZSJ-35/35/70ZSJ-35×35×70 高温真空烧结炉	烧结	温度 1650℃;真空度可达 $10^{-4} \sim 10^{-5}$Pa
	CVD(G)11/50/1 管式烧结炉	烧结	真空度可达 $10^{-4} \sim 10^{-5}$Pa
精密旋锻机	XD20	机加工	

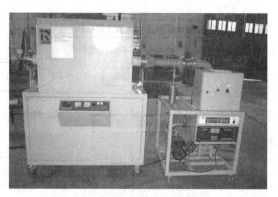

图 6-10   高温高真空管式烧结炉

图 6-11   高温高真空钼带加热式烧结炉

6.4.2   试验方案

采用粉末冶金混合元素法,将氢化钛粉和合金元素粉末在三维立体混料机上经过充分混合,用冷等静压制成压坯,再在真空烧结炉中进行烧结,真空度保持在 $1 \times 10^{-4} Pa$ 以下,得到粉末冶金 CP-Ti、Ti-6Al-4V 和 Ti-13Nb-13Zr 合金烧结样,对得到的烧结样进行力学性能检测,或者进行挤压和旋锻压力加工,退火后进行力学性能检测。

工艺流程如图 6-12 所示。

6.4.3   样品特性测量与表征

6.4.3.1   密度测量

试验根据阿基米德原理,采用"排水法"测量压坯及烧结样密度,称取压坯在水中的质量时,在压坯上均匀涂抹一层凡士林,对其进行防水处理,用细丝将样品吊挂,完全浸入蒸馏水中,称重用数显电子天平,精确度为 0.001g,计算方法具体如下:

$$\rho = \frac{m_{空}}{m_{空} - m_{水}}$$

式中 ρ——压坯或者烧结样密度,g/cm^3;

$m_{空}$——压坯或者烧结样在空气中的质量,g;

$m_{水}$——压坯或者烧结样在水中的质量,g。

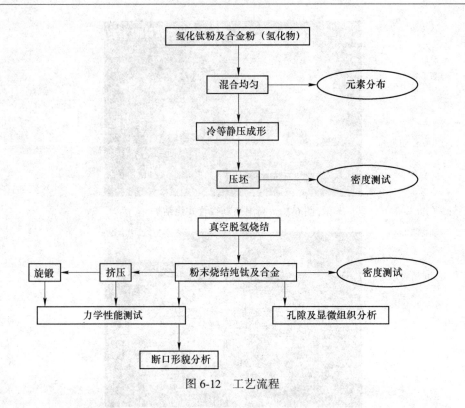

图 6-12　工艺流程

6.4.3.2　烧结收缩率分析

试验采用热膨胀仪在真空条件下记录不同粒度 TiH_2 压坯的收缩，并且在真空烧结炉中，对不同合金组成的压坯进行烧结，分析压坯的烧结致密化过程，根据下式计算在真空烧结炉中各温度条件制备的烧结样烧结收缩率，测量长度用游标卡尺，精确度为 0.02mm。

分别量取样品烧结前长度 L_0 和烧结后长度 L_1，计算如下：

$$烧结收缩率 = \frac{L_0 - L_1}{L_0} \quad (\%)$$

6.4.3.3　热重（TG）及差热扫描量热（DSC）分析

热重分析（TGA）主要是研究样品在连续升温过程中重量损失与温度的关系，通过热重曲线可测定样品的分解温度。差热扫描量热法（DSC）分析主要用于研究样品在加热（或者冷却）过程中，直接测量样品因脱水、分解或相变等物理化学变化过程中伴随产生的热效应大小及产生热效应时所对应的温度。

在 NETZSCH STA 449F3 型 TG-DSC 同步热分析仪上对原料 TiH_2、NbH、ZrH_2 粉进行分析，试验条件为开始温度 25℃，结束温度 1300℃，高纯氩气保护，氩气流量为 50mL/min，升温速率 10K/min，样品重量为 7mg 左右。

6.4.3.4　扫描电子显微镜（SEM）及能谱（EDS）分析

SEM 主要用于观察原料粉末的颗粒形貌及大小、烧结样断口形貌分析，微区成分分析，通过线扫描及面扫描这一功能，分析合金元素的分布情况。

6.4.3.5 杂质元素 C、N、O、H 含量分析

碳含量的测定采用气体容量法在 CS/44 碳硫仪上测定，先将样品的碳氧化为 CO_2 后用碱液吸收，通过气体体积变化来判定碳含量。碳硫仪精度为 $0.1×10^{-6}$，氧和氮的测定在 TC/436 氮氧分析仪上采用红外吸收法测定，氮氧分析仪精度达 $0.1×10^{-6}$。氢含量在 RH404 测氢仪上采用热导法测定，测氢仪精度达 $0.1×10^{-6}$。

6.4.3.6 X 射线衍射分析

试验采用 X 射线衍射分析烧结样品物相纯度，观察样品是否脱氢完全，以及确定纯钛及合金烧结样物相组成，还可确定合金元素是否合金化。

6.4.3.7 金相显微分析

用于观察烧结样显微组织，空隙大小及分布，金相试样制备方法为：镶样、粗磨、细磨和抛光，其中粗磨和细磨用 600 号、1000 号、1500 号和 2000 号的 SiC 砂纸进行，最后的抛光在细绒布上进行，采用机械-化学抛光，抛光液为含有细小二氧化硅胶体（$0.04\mu m$）的溶液，配以 10% 的双氧水，腐蚀液为克劳尔液，其成分为 HF：$1~3mL$，HNO_3：$2~6mL$，H_2O：100mL，通过观察腐蚀表面来控制腐蚀时间。

6.4.3.8 硬度分析

用韦氏硬度仪检测纯钛、Ti-6Al-4V 和 Ti-13Nb-13Zr 合金烧结样的表面硬度。

6.4.3.9 材料力学性能测试

采用电子万能材料实验机对试样进行抗拉强度、屈服强度、断面收缩率和延伸率测试。

6.5 烧结过程中氢化物脱氢热力学和动力学分析

以氢化钛粉代替钛粉进行烧结制备钛及 Ti-6Al-4V 和 Ti-13Nb-13Zr 合金，过程分为脱氢和烧结，TiH_2 的热分解行为直接关系到烧结工艺曲线，因此，在研究烧结规律之前，首先要进行 TiH_2 分解反应的热力学和动力学方面的研究，为确定最佳脱氢、烧结工艺提供理论依据。

6.5.1 TiH_2 脱氢热力学

氢化钛的脱氢过程就是 TiH_2 的分解过程，见下式：

$$TiH_2(s) \longrightarrow Ti(s) + H_2(g)$$

反应从左向右进行，应用 Van't Hoff 等温方程式：

$$\Delta_r G_m = \Delta_r G_m^\ominus + RT\ln J^\ominus$$

判断化学反应在某一指定条件下的方向和限度，查兰氏化学手册得各物质的热力学数据，见表 6-6。

表 6-6　$TiH_2(s)$、$Ti(s)$、$H_2(g)$ 在 298K 及 101325Pa 下的热力学数据

物质	$\Delta_f H^{\ominus}_{298}/J \cdot mol^{-1}$	$S^{\ominus}_{298}/J \cdot mol^{-1} \cdot K^{-1}$	$C^{\ominus}_{pm}[B]/J \cdot mol^{-1} \cdot K^{-1}$
TiH_2 (s)	-144400	29.7	$37.52+33.92×10^{-3}T-1.64×10^6 T^{-2}$ (298~900K)
Ti (s)	0	30.8	$22.24+10.21×10^{-3}T-0.01×10^6 T^{-2}$ (298~1166K)
H_2 (g)	0	130.7	$26.88+3.59×10^{-3}T+0.11×10^6 T^{-2}$ (298~3000K)

$\Delta_f H^{\ominus}_m$ 和 $\Delta_f G^{\ominus}_m$ 是温度 298K 和标准压力下的标准摩尔生成焓和标准摩尔生成自由能。

由 TiH_2 脱氢分解反应吉布斯自由能与温度的关系式,可得出不同温度下脱氢反应进行时所必须的真空度。

当 T=250℃时,$\Delta_r G_m$ (523K) <0,得出 P_{H_2}<3.91×10^{-3}Pa;

当 T=350℃时,$\Delta_r G_m$ (623K) <0,得出 P_{H_2}<0.92Pa;

当 T=650℃时,$\Delta_r G_m$ (923K) <0,得出 P_{H_2}<10121.43Pa。

由上述计算可见,当温度为 250℃时,烧结炉中的氢气分压必须小于 3.91×10^{-3}Pa,TiH_2脱氢反应才能进行;当温度为 650℃时,氢气分压只要小于 1.0×10^{4}Pa,分解反应就可以进行,表明脱氢反应很容易进行。

6.5.2　氢化钛压坯脱氢动力学分析

6.5.2.1　TiH_2脱氢过程分析

TiH_2的分解反应为 $TiH_2(s) = Ti(s)+H_2(g)$,由以上分析可知,TiH_2的分解反应可以看成一级反应,属于有固体产物层的致密颗粒与气体的气-固相反应,为多相反应,存在相界面,分解以后生成单质钛和氢气,未分解的 TiH_2 将被生成的 Ti 层包围,分解析出的氢需穿过产物 Ti 层向外扩散,因此反应过程必须经过以下三个步骤:首先,气体生成物 H_2通过固体产物 Ti 层的内扩散;其次,气体生成物 H_2通过气体边界层的外扩散;最后是界面化学反应,这一步骤又包括氢化钛的分解、产物氢从反应界面的脱附及固体产物 Ti 的晶核形成及长大。

$TiH_2(s) \rightarrow Ti(s) + H_2(g)$ 的分解过程可以用收缩性未反应核模型(shrinking unreacted-core model)来描述,随着反应的进行,产物 Ti 层厚度增大,固体反应物核心逐渐减小,直到消失,反应完成。图 6-13 所示为在真空烧结炉中,TiH_2压坯在不同的温度(350℃、450℃和 650℃)脱氢 1h 得到的样品横截面实物图。350℃时,由于温度较低,脱氢反应不明显;450℃时,外层已经生成产物 Ti 层,中心为未反应物核心氢化钛,之后随温度升高,未反应物核心消失,脱氢过程完成。

TiH_2脱氢反应在高真空条件下进行,产物氢气通过气体边界层的外传质不会成为过程进行的限制环节,外传质的影响可以忽略,因此氢化钛的脱氢过程可能受气体产物氢通过致密 Ti 层的内扩散或者界面化学反应控制。

(a)　　　　　　　　　(b)　　　　　　　　　(c)

图 6-13　氢化钛在不同温度脱氢 1h 后样品截面形貌

(a) 350℃，1h；(b) 450℃，1h；(c) 650℃，1h

图 6-14 所示为高 15mm、直径 10mm 的圆柱形氢化钛压坯，在 500℃保温 1h，脱氢后的横截面 SEM 形貌。从图中可以看出，脱氢生成的金属钛层包裹在氢化钛的外层，未反应核心仍然是颗粒状的氢化钛粉，外层钛具有金属光泽。

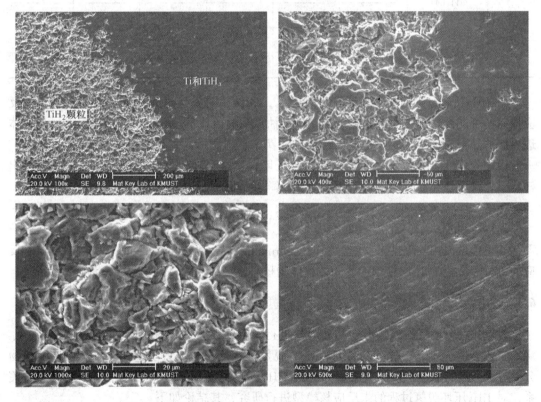

图 6-14　氢化钛压坯在 500℃时脱氢 1h 后的横截面 SEM 形貌

6.5.2.2　TiH_2 脱氢过程的未反应核模型

TiH_2 压坯的分解过程可以用收缩性未反应核模型（shrinking unreacted-core model）来描述，即随着反应的进行，产物 Ti 层厚度增大，包裹在未反应物外面，随着反应的进行，未反应核逐渐减小，直到消失，因此对 TiH_2 压坯的脱氢动力学进行分析，以确定 TiH_2 压坯脱氢所需时间与温度和压坯尺寸的关系，对实验中样品的脱氢时间进行预测，从而优化脱氢工艺。

表 6-7 是 TiH_2 压坯在动态氩气氛中分解时转化率 (x) 与时间 (t) 的关系。由表中可以看出，当试样直径较小 ($r_0 = 4.12 \sim 7.70mm$) 时，反应速率较快，而当试样直径较大 ($r_0 = 11.04 \sim 15.30mm$) 时，反应速率较慢，由此说明，氢化钛压坯脱氢反应的限制环节与样品直径 r_0 有关。

表 6-7　TiH_2 压坯在动态氩气氛中分解时转化率 (x) 与时间 (t) 的关系

试样 直径 r_0/mm	4.12	t/min	0	0.5	1	2	6
		x	0.27	0.30	0.33	0.38	0.50
	7.70	t/min	0	0.5	1	9	18
		x	0.18	0.20	0.21	0.38	0.50
	11.04	t/min	0	0.5	1	18	31
		x	0.16	0.17	0.18	0.38	0.50
	15.30	t/min	0	0.5	1	43	90
		x	0.13	0.14	0.15	0.38	0.50

由 TiH_2 脱氢过程的热力学计算可以看出，氢化钛的脱氢过程很容易进行，受化学反应控制的可能性较小，而且脱氢过程在持续抽真空的条件下进行，因此产物氢气通过气体边界层的外传质也不可能成为过程的限制环节。

运用收缩性未反应核模型，得到 TiH_2 压坯脱氢过程转化率与压坯尺寸的关系，得出柱状氢化钛压坯在 600℃ 时脱氢分解，转化率与时间的关系如下式所示：

$$T = \frac{r_0^2}{1.47}[-x - (1+x)\ln(1-x)]$$

其过程可以用收缩性未反应核模型 (shrinking unreacted-core model) 来描述，随着反应的进行，产物 Ti 层厚度增大，固体反应物核心逐渐减小，直到消失，反应进行完成。

6.5.3　小结

对氢化物分解反应的热力学和动力学进行了分析，为优化脱氢工艺，确定适宜脱氢-烧结工艺提供了理论依据。对 TiH_2 和 ZrH_2 脱氢分解反应的热力学进行计算，讨论氢化物分解时真空度与脱氢温度的关系，为确定 TiH_2 压坯脱氢所需时间与温度和压坯尺寸的关系，对 TiH_2 压坯脱氢过程的未反应核模型进行研究，其结论如下：

(1) 由 TiH_2 脱氢分解反应吉布斯自由能与温度的关系式，可得出不同温度下脱氢反应进行时所必须的真空度。

当 $T = 250℃$ 时，$\Delta_r G_m$ (523K) <0，得出 $P_{H_2} < 3.91 \times 10^{-3} Pa$；

当 $T = 350℃$ 时，$\Delta_r G_m$ (623K) <0，得出 $P_{H_2} < 0.92 Pa$；

当 $T = 650℃$ 时，$\Delta_r G_m$ (923K) <0，得出 $P_{H_2} < 10121.43 Pa$。

由上述计算可见，当温度为 250℃ 时，烧结炉中的氢气分压必须小于 $3.91 \times 10^{-3} Pa$，TiH_2 脱氢反应才能进行；当温度为 650℃ 时，氢气分压只要小于 $1.0 \times 10^4 Pa$，分解反应就可以进行，表明脱氢反应很容易进行。

（2）由 ZrH_2 脱氢分解反应吉布斯自由能与温度的关系式，可得不同温度下脱氢反应进行时所必须的真空度。

当 $T=350℃$ 时，$\Delta_r G_m$（623K）<0，得出 $P_{H_2}<2.63×10^{-6}Pa$；

当 $T=650℃$ 时，$\Delta_r G_m$（923K）<0，得出 $P_{H_2}<1.38×10^{-1}Pa$。

由上述计算可见，当温度为 350℃ 时，烧结炉中的氢气分压必须小于 $2.63×10^{-6}Pa$，ZrH_2 脱氢反应才能进行，必须达到很高的真空度；当温度为 650℃ 时，氢气分压必须小于 $1.38×10^{-1}Pa$，分解反应就可以进行。

（3）TiH_2 压坯的脱氢分解过程可以用收缩性未反应核模型（shrinking unreacted-core model）来描述，随着反应的进行，产物 Ti 层厚度增大，固体反应物核心逐渐减小，直到消失，反应完成。

（4）运用收缩性未反应核模型，得到 TiH_2 压坯脱氢过程转化率与压坯尺寸的关系，得出柱状氢化钛压坯在 600℃ 时脱氢分解，转化率与时间的关系如下式所示：

$$t = \frac{r_0^2}{1.47}\big[-x - (1 + x)\ln(1 - x) \big]$$

6.6 氢化钛烧结脱氢规律研究

在常温常压下，纯度较高的海绵钛较软且韧性较大，因此，直接破碎海绵钛制取金属钛粉非常困难，但柔韧的海绵钛颗粒与氢气反应后，会生成钛的氢化物，产物呈疏松状，利用钛的氢脆性，就很容易破碎，能在短时间内通过机械球磨粉碎到纳米晶形态，以氢化钛粉代替钛粉用粉末冶金法制备钛合金，氢元素能在后续的烧结工艺中顺利脱除。

6.6.1 Ti-H 体系

6.6.1.1 钛氢化合物

纯钛具有两种晶型，低于 882℃ 时为密排六方 α-Ti，高于此温度时为体心立方 β-Ti，氢是 β 相稳定元素，钛与氢的反应具有可逆性。Ti-H 二元相图如图 6-15 所示，氢在 α-Ti 和 β-Ti 中的溶解度受温度和压力的影响，在约 100kPa 下，氢在 β-Ti 中的最大固溶度为 2%。在氢浓度较低时，存在 α-Ti 金属相区，随着氢浓度的增加，温度低于 300℃ 时是（α+γ）两相区，温度高于 319℃ 时，相平衡较为复杂，出现了 α、β 和 γ 三个相，氢除了在钛中形成（α 和 β）固溶体，还能形成非化学计量的钛氢化合物 TiH_{2-x}，x 值的变化范围很大，尤其在高温条件下。H. Numakura 和 D. Guay 等观察到呈片状的 fct 结构氢化物（TiH）和呈不规则形态的 fcc 结构的氢化物（TiH_2）。氢主要以两种结构的化合物存在，即 γ 相和 δ 相，并且由于半径仅为 0.046nm，固溶于钛原子的晶格间隙中，故 TiH 为不稳定的化合物，受热分解为钛和氢，TiH_2 属于非化学计量化合物，组成范围在 $TiH_{1.8}$ ~ $TiH_{1.99}$ 的固溶体间，800~1000℃ 下几乎完全分解。

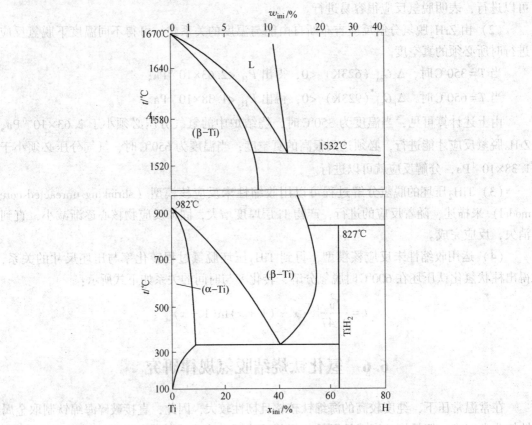

图 6-15　钛-氢体系二元相图

6.6.1.2　氢在钛中的扩散

α-Ti 属于密排六方晶格，晶胞致密度为 0.74，即晶格中有 74% 的体积被原子占据，其余为空隙。β-Ti 属于体心立方晶格，晶胞致密度为 0.68，从晶胞致密度可以看出，金属晶体存在许多晶格间隙，这种间隙对合金相结构和扩散、相变等都有影响。

6.6.1.3　氢对钛烧结行为的影响

大量文献表明氢元素的存在，对钛的烧结起促进作用。熊翔等在研究 Ti 和 TiH_2 分别与 Al 反应合成 TiAl 时发现，与 Ti 和 Al 反应相比，TiH_2 与 Al 反应较完全，生成的 TiAl 相对量较高，其原因是 TiH_2 分解生成的新生 Ti 含有大量的各种缺陷、活性高。

孙晓冬等人在研究 TiH_2 对 TiB_2 自蔓延高温合成过程的影响时发现，TiH_2 在氩气中 700～800℃ 进行热处理后，TiH_2 的分解导致钛金属的变形，晶格常数略大于起始钛金属粉末的晶格常数，氢扩散到变形的钛金属晶格中，使 TiB 的合成反应温度有所提高，反应过程变得较为缓和。

TiH_2 分解释放出 H 原子，H 原子在高温下可以提高 Ti 的活性，从而起到催化作用。Papazoiglou 等人研究储氢材料过程时曾报道在 610～900℃ 范围内，H 原子使 α-Ti 具有较高的扩散活化性。Wasilewski 等也相应报道了纯钛吸入少量 H 并开始发生 α-δ（氢化物相）相变，此过程产生大量氢化物脆性相，引起严重的晶格畸变，使 Ti 产生大量新鲜的活性表面。

利用 TiH_2 分解出 H 原子可提高 Ti 的活性，当温度高于 TiH_2 的分解温度时，TiH_2 开始分解产生氢，氢首先以原子状态存在并固溶于高温熔体中。在 500℃以上，氢在 α-Ti 中的固溶度不到 0.1（H-Ti 摩尔比）。随着 TiH_2 分解的进行，过饱和氢原子析出形成 H_2 分子。

庄洪宇等人在研究合成 Al-Ti-B 中间合金过程中，发现添加 TiH_2 对自蔓延反应具有明显的促进作用，分析认为是由于加入的 TiH_2 受热分解出高活性 Ti 原子，产生表面激活能较高的 α-Ti 及具有催化作用的 H 原子，从而使 TiB_2 的形成比 Ti 与 B 直接反应方式容易得多，反应的开始温度降低了近 50℃。

侯红亮等人认为氢改善钛合金的粉末烧结过程，主要是由于氢的扩散解析作用而使钛中的空位浓度和位错增加，增大了钛的表面活性，降低了烧结过程自由能，强化了烧结过程。

乌克兰 O. M. Ivasishin 教授等人认为以氢化钛代替金属钛进行烧结可以使烧结过程更容易进行，得到较高的致密度和更均匀的组织，因为脱氢发生的相转变引起晶格缺陷，可以促进烧结扩散过程。

X. L. Han 等人通过第一原理计算研究了 α-Ti-H 体系中 H 对 Ti 原子自扩散的影响，结果发现，H 原子的添加使 Ti 的自扩散活化能降低了 0.266eV，可以降低 α-Ti 的自扩散势垒，因此提高了 Ti 的扩散系数。

6.6.2 TiH₂脱氢规律研究

6.6.2.1 粉末粒度对脱氢的影响

采用高能球磨，将原料氢化钛粉球磨不同时间，得到不同粒度的粉末（图 6-16）。

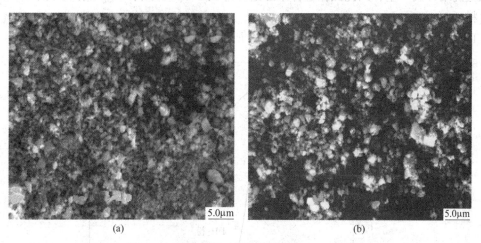

图 6-16 不同球磨时间氢化钛粉末 SEM 形貌

(a) 30min；(b) 60min

原始 TiH_2 粉和分别球磨 30min、60min 得到的氢化钛粉末的 TG 失重曲线如图 6-17 所示，从图中可看出，随粉末粒度的减小，失重起始温度提前，粉末越细，开始失重的温度越低，且经过球磨的粉末，失重量减小。球磨时间越长，失重量越小，球磨 1h 和 30min 的氢化钛相比，放氢开始温度相对较低，失重量也相对减小，球磨粉末的失重量明显比原始氢化钛粉末失重量小。

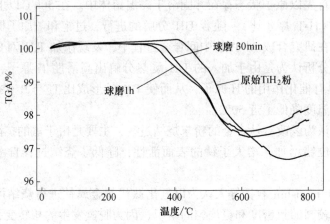

图 6-17　不同粒度的 TiH_2 粉末 TG 热重曲线

6.6.2.2　粉末粒度对 TiH_2 压坯烧结收缩率和收缩速率的影响

烧结是粉末冶金的重要过程，该过程中发生粉末的固结，消除压坯中的孔洞，粉末压坯的收缩导致烧结体的致密化，烧结致密化在表观上是指粉末烧结过程的收缩，可以用试样的线收缩、体积收缩和孔隙度的减少来表征。

细粉与粗粉压坯相比，收缩温度低、收缩量大、收缩速率大，容易得到致密体，但是较大的收缩速率导致烧结坯容易开裂，球磨 30min 的粉末压坯烧结开裂比球磨 10min 的粉末压坯烧结开裂严重，因此试验选择未经过球磨的 $-45\mu m$ 原料 TiH_2 粉作为成形和烧结的原材料。

TiH_2 压坯热膨胀烧结线收缩率如图 6-18 所示。

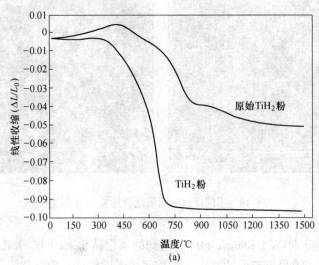

(a)

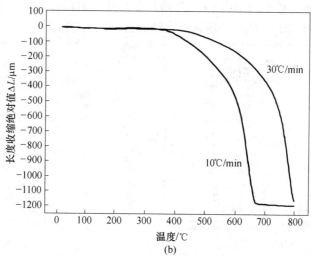

图 6-18　TiH₂压坯热膨胀烧结线收缩率

（a）线收缩速率；（b）曲线

6.6.2.3　升温速度对 TiH₂烧结收缩率的影响

为分析升温速率对 TiH₂脱氢的影响，试验采用热膨胀仪记录下不同升温速率对 TiH₂压坯脱氢时的收缩情况。

从图 6-19 中可以看出，烧结升温速率对样品收缩率有一定的影响，表明升温速率对 TiH₂的脱氢致密化过程有影响，升温速率增大，达到同一温度时，样品的收缩率减小，并且达到快速收缩温度区间的温度较高。TiH₂粉末失重结束的温度，随着升温速率的增加而升高，表明升温速率增大，脱氢温度相对滞后。

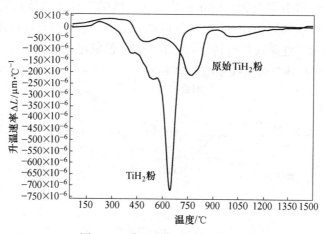

图 6-19　升温速率对脱氢的影响

6.6.2.4　成形压力对 TiH₂压坯脱氢起始温度的影响

选取冷等静压成形压力分别为 240MPa、320MPa 和 360MPa 的 TiH₂压坯，压坯相对密度分别为 83.14%、85.69% 和 86.32%，在真空烧结炉中以 5℃/min 的升温速率升温，升温前抽真空，真空度达到 $5.0 \times 10^{-3} Pa$ 后开始升温并持续抽真空，记录真空度的变化情况，对不同压力下成形的 TiH_2 压坯真空脱氢做定性分析（图 6-20）。

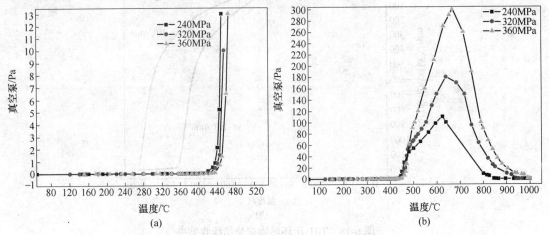

(a)　　　　　　　　　　　　　　　　(b)

图 6-20　TiH_2 压坯脱氢温度与成形压力的关系

(a) 420℃ 以下局部图；(b) 440℃ 以上局部图

因为 TiH_2 的分解属于有固体产物层的气-固相反应，分解以后生成单质钛和氢气，未分解的 TiH_2 将被生成的 Ti 层包围，故分解析出的氢需穿过产物 Ti 层向外扩散。在脱氢过程中，压坯的致密度对氢的扩散有一定的影响，成形压力小的压坯，致密度低孔隙度大，氢相对容易脱除，因此，成形压力大的压坯，显著脱氢的开始温度相对滞后，达到脱氢高峰的温度也相对较高，TiH_2 压坯脱氢峰值温度高于粉末脱氢的峰值温度。

6.6.2.5　TiH_2 粉脱氢 TG-DSC 分析

由于钛及钛合金对 H 具有很高的亲和力，而且氢的存在会对钛及钛合金性能产生很大的不利影响，因此，通过 TG-DSC 热重差热对 TiH_2 原料粉进行分解温度和相转变过程分析，根据氢化物的脱氢性质选择有利于脱氢的工艺，使氢尽可能脱除。

TiH_2 粉末 TG-DSC 热分解曲线如图 6-21 所示。

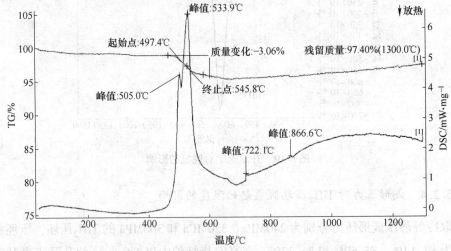

图 6-21　TiH_2 粉末 TG-DSC 热分解曲线

6.6.2.6 温度对 TiH$_2$ 压坯烧结脱氢率的影响

TiH$_2$ 压坯在不同温度下脱氢 1h 的脱氢率见表 6-8。

表 6-8 TiH$_2$ 压坯在不同温度下脱氢 1h 的脱氢率

温度/℃	350	450	500	550	600	650	700	750	800	900
失重率/%	0.384	1.398	1.802	2.757	3.199	3.572	3.618	3.709	3.723	3.842

TiH$_2$ 压坯脱氢量随温度的变化曲线如图 6-22 所示,脱氢后得到的压坯密度与随温度变化曲线如图 6-23 所示。在脱氢的温度区间(600~800℃),压坯致密化比较慢,主要是脱氢过程,温度升高以后,致密化进程加快,可见直接烧结 TiH$_2$,致密化过程发生在脱氢过程之后。

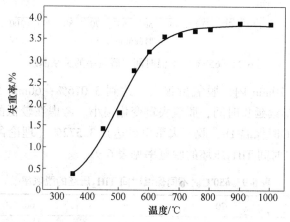

图 6-22 TiH$_2$ 压坯脱氢量随温度变化曲线

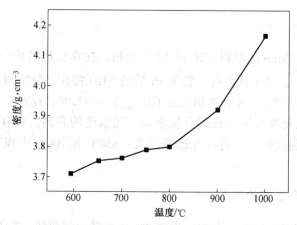

图 6-23 不同温度下保温脱氢 1h 的 TiH$_2$ 压坯密度

6.6.2.7 保温时间与脱氢率的关系

采用氢化物进行烧结,脱氢过程非常重要,因此试验根据热重差热分析 TG-DSC 曲线，TiH_2分解的温度范围，选择650℃时进行不同的脱氢时间，研究保温时间与脱氢率的关系。

650℃时保温时间与脱氢率的关系曲线如图6-24所示。

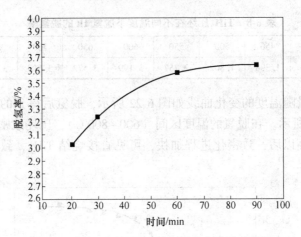

图6-24　650℃时保温时间与脱氢率的关系曲线

结果表明，开始20min内，脱氢量很大，达到3.016%；60min后失重率变化缓慢，当时间超过60min，继续延长时间，脱氢失重变化很小。考虑在较低的温度和较短的时间内使氢脱除，在650℃时保温1h，脱氢失重率可达到3.572%（理论含氢量为4.01%）。

650℃时不同保温时间 TiH_2压坯的脱氢率见表6-9。

表6-9　650℃时不同保温时间 TiH_2压坯的脱氢率

时间/min	20	30	60	90
脱氢率/%	3.016	3.226	3.572	3.635

6.6.2.8　脱氢物相分析

图6-25所示为$-48\mu m$的原料 TiH_2粉 XRD 物相，在真空烧结炉中，真空度达到10^{-3}Pa时，以5℃/min升温至不同温度，脱氢1h后的XRD物相，分析得到原料 Ti-H 化合物物相为$TiH_{1.924}$；450℃脱氢1h后物相也是$TiH_{1.924}$；650℃时，存在有 Ti 的物相和 Ti-H 化合物的物相，表明氢化钛分解生成部分钛金属。随温度的升高，Ti-H 化合物物相特征峰逐渐减弱，700℃时强度较弱的特征峰已经消失；650℃和700℃出现较明显的金属 Ti 特征峰。

6.6.3　TiH_2烧结脱氢工艺的选择

根据以上脱氢规律的分析，由 TiH_2粉末 TG-DSC 热分解曲线，TiH_2粉在450~700℃温度范围脱氢效果较明显，从不同温度的低温脱氢规律可以得出，温度低于650℃时，脱氢量随温度升高迅速增大；温度为650℃时，失重率达到3.572%（理论含氢量为4.01%）；温度高于650℃时，曲线趋于平缓，升高温度脱氢量变化不大，表明氢化物中的氢已基本脱除完全，因此试验选择 TiH_2脱氢工艺为在650℃保温1h对 TiH_2进行脱氢。

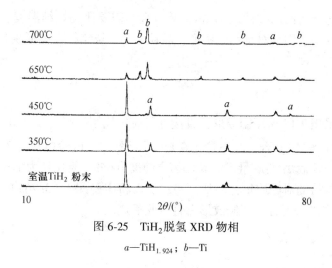

图 6-25 TiH$_2$脱氢 XRD 物相

a—TiH$_{1.924}$；b—Ti

6.6.4 小结

采用高能球磨将原料氢化钛粉进行球磨，用 TG-DSC 分析不同粒度粉末的放氢特性，采用热膨胀仪记录不同粒度 TiH$_2$压坯的收缩致密化过程，在真空烧结炉中进行脱氢试验，对不同压力下成形的 TiH$_2$压坯真空脱氢做定性分析，采用称重法，在真空烧结炉中，研究不同脱氢温度和时间对 TiH$_2$压坯脱氢量的影响，试验结果如下：

（1）将原料氢化钛粉进行球磨不同时间，球磨后粒度越细的粉末，开始放氢的温度越低，并且失重量减小，球磨后的细粉烧结时收缩率和收缩速率都显著增大，但烧结时容易出现裂纹缺陷。

（2）随着成形压力的增大，TiH$_2$压坯的脱氢起始温度相对滞后，并且随着压坯成形压力的增大，真空度达到最低时对应的峰向右偏移，相应达到脱氢高峰的温度较高，240MPa 和 360MPa 的压坯相差 50℃左右。

（3）氢化钛分解失重量为 3.06%，对应的脱氢反应发生在 450～650℃温度范围，从 DSC 曲线可以看出 TiH$_2$的分解有两个明显的吸热峰，分解过程发生了两次相转变，即氢化钛的分步分解，TiH$_2$→TiH→Ti(H)，第一个峰对应的温度为 500℃，第二个峰对应的温度为 530℃左右。

（4）TiH$_2$压坯在 650℃时脱氢 1h，存在有 Ti 的物相和 Ti-H 化合物的物相，表明氢化钛分解生成部分钛金属；随温度的升高，Ti-H 化合物物相特征峰逐渐减弱，700℃时，强度较弱的特征峰已经消失。650℃和 700℃出现较明显的金属 Ti 特征峰。

（5）在相同的时间内，脱氢温度低于 650℃时，脱氢量随温度升高迅速增大，温度高于 650℃时，曲线趋于平缓，表明氢化物中的氢已基本脱除完全。在 650℃时进行脱氢，60min 后失重率变化缓慢，因此试验选择 TiH$_2$脱氢工艺为在 650℃保温 1h。

6.7 氢化钛烧结制备纯钛及 Ti-6Al-4V 合金研究

烧结是粉末冶金最后一个工序，烧结工艺的控制对产品最终性能的影响至关重要，采用粉末冶金新工艺制备医用纯钛及 Ti-6Al-4V 合金，需要研究烧结温度、烧结时间、成形压力和粉末粒度等工艺因素对烧结致密度、晶粒大小、烧结样孔隙形貌和分布以及力学性能的影响规律。

6.7.1　试验过程

纯钛的制备采用 TiH_2 粉压制成形，直接进行脱氢烧结，制备 Ti-6Al-4V 合金，先称量质量，再按 Ti 粉与 6Al-4V 合金粉质量比 9∶1 进行配比，试验原料为 TiH_2 粉，脱氢后变成钛粉，应考虑脱氢后 Ti 的质量。试验按物质纯度 100%，氢化钛为 TiH_2 时，计算金属粉与氢化物完全脱氢后的对等质量，例如，90g 的 Ti 粉需要配入 93.76g 的 TiH_2 粉，然后对 TiH_2、6Al-4V 粉末进行混合，压制成形后直接脱氢烧结。

6.7.1.1　冷等静压成形

冷等静压成形工艺制度如图 6-26 所示。

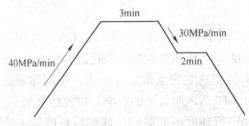

图 6-26　冷等静压成形工艺制度

TiH_2 冷等静压成形坯实物照片如图 6-27 所示。

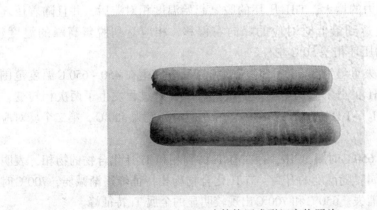

图 6-27　TiH_2 冷等静压成形坯实物照片

由于 TiH_2 具有氢脆性，因此，在成形过程中经过二次破碎可以得到较高的相对密度，成形压力为 240MPa 时，压坯相对密度达到 82.5% 以上；成形压力为 360MPa 时，相对密度达到 86.6%。

6.7.1.2　脱氢烧结工艺路线

纯 Ti 和 Ti-6Al-4V 合金的脱氢烧结工艺制度如图 6-28 所示。

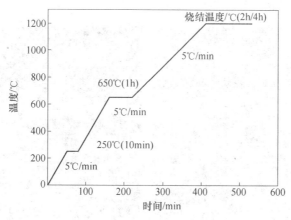

图 6-28 纯 Ti 和 Ti-6Al-4V 合金的脱氢烧结工艺制度

6.7.2 小结

以 TiH_2 粉代替 Ti 粉，作为成形和烧结的原材料，直接烧结 TiH_2 压坯及其与 6Al-4V 合金混合粉压坯，在烧结过程中同时将氢脱除，制备纯 Ti 及 Ti-6Al-4V 合金，通过研究烧结温度、烧结时间、成形压力和粉末粒度等因素对烧结致密度、收缩率、烧结样孔隙形貌和分布以及晶粒大小的影响，得出优化的烧结工艺如下：

（1）采用氢化物 TiH_2 在 1100～1300℃烧结 4h 制备的纯钛，烧结样的 H 含量远远低于标准中的氢含量，表明脱氢过程可以顺利完成。

（2）在 360MPa 压力下制备的 TiH_2 压坯，在 1000℃、1100℃、1200℃下烧结 2h，致密度分别为 94.39%、95.745% 和 98.038%；在 1200℃下烧结 1h、3h，致密度分别为 97.814% 和 98.316%，当烧结时间超过 4h 后，烧结致密度没有出现明显变化，趋于稳定。

（3）用 TiH_2 脱氢烧结制备的纯钛，室温稳定状态为等轴状 α 组织。温度低于 1200℃时，晶粒长大缓慢；温度高于 1200℃时，晶粒急剧长大，为长宽比较大的片状 α 组织。在 1000℃烧结 2h 的纯钛平均晶粒尺寸为 25.48μm，1200℃时平均晶粒尺寸为 45.03μm。

不同烧结温度下纯钛的金相显微组织如图 6-29 所示。

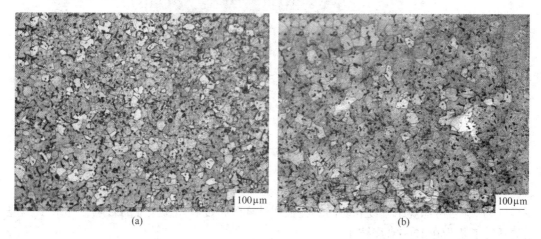

(a)   (b)

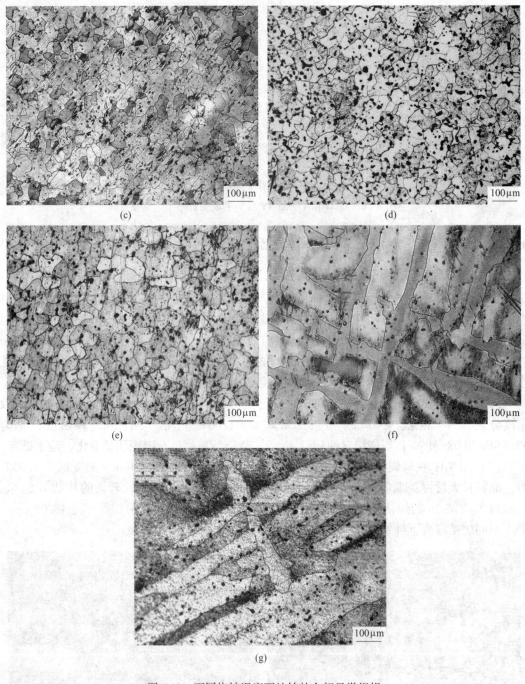

图 6-29　不同烧结温度下纯钛的金相显微组织

(a) 1000℃；(b) 1050℃；(c) 1100℃；(d) 1150℃；

(e) 1200℃；(f) 1250℃；(g) 1300℃

（4）综合考虑烧结温度和时间对纯钛烧结样致密度和晶粒尺寸的影响，得出 TiH_2 烧结的适宜工艺为在 1200℃烧结 4h。

（5）在 1200℃烧结 4h 制备的 Ti-6Al-4V 合金烧结样，相对密度达到 98% 以上，合金具有（α+β）两相组织，α 相和 β 相呈片状交替排列，晶内片状 α 相短而粗，形成类似网篮的片状组织。

不同温度下烧结 4h 后 Ti-6Al-4V 显微组织如图 6-30 所示。

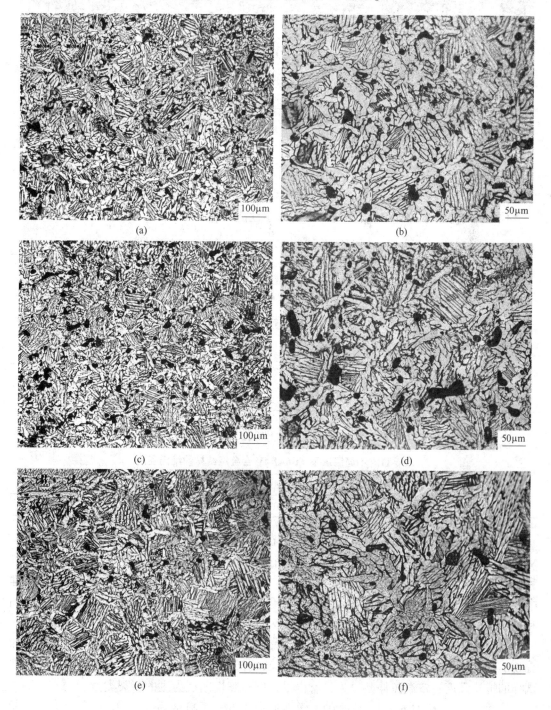

图 6-30　不同温度下烧结 4h 后 Ti-6Al-4V 显微组织

(a)，(b) 1150℃；(c)，(d) 1200℃；(e)，(f) 1250℃；(g)，(h) 1300℃

不同温度烧结 Ti-6Al-4V 合金烧结样的力学性能见表 6-10。

表 6-10　不同温度烧结 Ti-6Al-4V 合金烧结样的力学性能

烧结温度 /℃	烧结时间 /h	抗拉强度 σ_b/MPa	屈服强度 $\sigma_{0.2}$/MPa	伸长率 δ/%	断面收缩率 ψ/%
1150	4	979.92	951.18	6.11	3.55
1200	4	989.41	946.34	15.01	8.98
1250	4	1020.08	995.15	4.78	4.58
1300	4	1006.92	1325.14	6.56	5.64
TC4	—	895	—	10	25

不同温度下 Ti-6Al-4V 合金烧结样的维氏硬度见表 6-11。

表 6-11　不同温度下 Ti-6Al-4V 合金烧结样的维氏硬度

烧结温度/℃	1150	1200	1250	1300
维氏硬度 HV	422	407	415	410

（6）在 1200℃烧结 4h 制备的纯钛和 Ti-6Al-4V 合金烧结样，合金化元素 Al、V 和 C、N、H 等杂质含量都符合国家标准，O 含量稍微较高，纯钛烧结样的氧含量稍微高于 TA1 和 TA2 的标准，但符合 TA3 和 TA4 的标准。Ti-6Al-4V 合金烧结样的氧含量稍微高于标准中的氧含量，但与标准较为接近，其相对密度都达到 98% 以上，抗拉强度分别为 680MPa 和 989MPa。

（7）由于粉末冶金烧结样中存在的残余孔隙对力学性能产生不利影响，纯钛和 Ti-6Al-4V 合金烧结样的伸长率和断面收缩率都较低，但抗拉强度都已达到甚至超过标准试样的抗拉强度，室温拉伸断口为具有少量韧窝、脆性断裂为主的断裂类型。

旋锻后纯 Ti 及 Ti-6Al-4V 合金的力学性能见表 6-12。旋锻后 Ti-6Al-4V 合金试样的断口形貌如图 6-31 所示。

表 6-12 旋锻后纯 Ti 及 Ti-6Al-4V 合金的力学性能

试 样	维氏硬度 HV	抗拉强度 σ_b/MPa	规定残余应力 $\sigma_{0.2}$/MPa	伸长率 δ_5/%	断面收缩率 ψ/%	试样状态
纯 Ti，ϕ12mm	329.70	1072.88	—	6.8	—	未退火态
纯 Ti，ϕ12mm	184.75	464.09	340.4	30	45	退火态
纯 Ti，ϕ8mm	196.67	721.08	463.0	8	19	未退火态
纯 Ti，ϕ8mm	151	456.03	306.2	20	30	退火态
纯 Ti，ϕ6mm	238	575.74	469.7	10	12.9	未退火态
纯 Ti，ϕ6mm	185	433.44	315.4	13	19.6	退火态
Ti-6Al-4V，ϕ12mm	310	1095.53	1076.9	9	20.5	退火态
Ti-6Al-4V，ϕ9.7mm	339	1146.74	1102.6	10	11.5	退火态

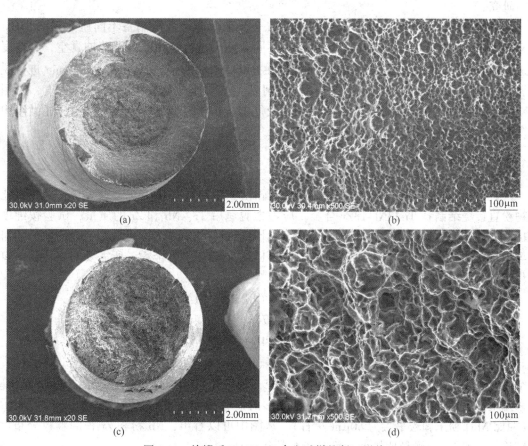

图 6-31 旋锻后 Ti-6Al-4V 合金试样的断口形貌
(a)，(b) 未退火；(c)，(d) 退火

(8) 纯钛和 Ti-6Al-4V 合金烧结样，经过挤压和旋锻压力加工后，抗拉强度降低，塑性得到较大改善，纯钛的伸长率可达到 30%，Ti-6Al-4V 合金的伸长率达到 16%，两种材料的抗拉强度和伸长率均达到或超过国标标准。

6.8　粉末冶金法制备 Ti-13Nb-13Zr 合金的研究

6.8.1　引言

通过将 TiH_2 粉与 Nb、Zr 粉混合、压制烧结，结果表明烧结后试样相对密度较低，经分析认为粉末表面的氧化膜会对烧结产生负面影响，阻碍烧结颈的形成，容易形成无法消除的孔隙，从而导致烧结试样的密度偏低。

试验利用 Ti、Nb 和 Zr 粉可与氢气可逆反应的特性，以 TiH_2、NbH 和 ZrH_2 为原料，在烧结过程中脱氢，使粉体产生缺陷，从而增加粉末颗粒烧结活性，同时，利用氢化粉末氢脆的特点，通过冷等静压成形压制，进一步提高压坯的相对密度。以 TiH_2、NbH 和 ZrH_2 粉为原料，采用粉末冶金方法，混合压制烧结，开展 Ti-13Nb-13Zr 合金烧结制备工艺的研究。

先将粉末在多向运动混合设备中进行混合，采用冷等静压制备不同压力下的 TiH_2-NbH-ZrH_2 成形坯，将压坯在真空烧结炉中不同温度下进行烧结，升温前抽真空，真空度达到 10^{-3} Pa 以上，开始以 5℃/min 升温，在 650℃ 和 800℃ 分别保温 1h 和 30min 进行脱氢，然后升温至烧结温度进行烧结。采用阿基米德排水法测量烧结样相对密度，采用 XRD 进行物相分析，SEM 进行元素面扫描及能谱分析，金相显微镜观察烧结样显微组织及晶粒大小，并对烧结样进行力学性能测试。

6.8.2　合金配制及粉末混合

Ti-13Nb-13Zr（wt.%）合金的名义成分配比为 Ti 74%，Nb 13%，Zr 13%。采用氢化物粉直接烧结制备 Ti-13Nb-13Zr 合金，应考虑脱氢后 Ti、Nb 和 Zr 的质量，试验按纯度 100%，氢化物分别为 TiH_2，NbH 和 ZrH_2 时计算，计算金属粉与氢化物粉完全脱氢后的对等质量，计算方法如下：混合 100g Ti-13Nb-13Zr（wt.%）合金粉，所需要的氢化钛、氢化铌和氢化锆的质量分别为：

$$m_{NbH} = (Nb\% \times M_{NbH})/M_{Nb} = (13 \times 93.91)/92.91 = 13.140g$$
$$m_{TiH_2} = (Ti\% \times M_{TiH_2})/M_{Ti} = (74 \times 49.88)/47.88 = 77.091g$$
$$m_{ZrH_2} = (Zr\% \times M_{ZrH_2})/M_{Zr} = (13 \times 93.22)/91.22 = 13.285g$$

按合金质量配比称取氢化钛、氢化铌和氢化锆粉末，并装入多向运动混合设备，抽真空后充入氩气，反复进行三次以清洗混料腔，最后充入氩气保护进行混合，8h 后取出。采用电子探针面扫描功能，对冷等静压成形的混合粉末压坯进行观察，如图 6-32 所示（原始 NbH 粉末颗粒最大为 80μm 左右），从图中可以看出，Nb 粉和 Zr 粉的颗粒分布比较均匀，但 Nb 粉颗粒比较大，粉末基本混合均匀。

6.8.3　冷等静压成形

对于大多数金属的粉末冶金，为了降低成形时粉末颗粒间的摩擦，改善压坯的密度分布，常添加各种添加剂以提高成形性，但对于钛合金粉末成形来说，因为钛在高温下化学活性很高，任何残留的成形剂都可能在后续烧结工艺中造成负面效应，污染产品，影响产

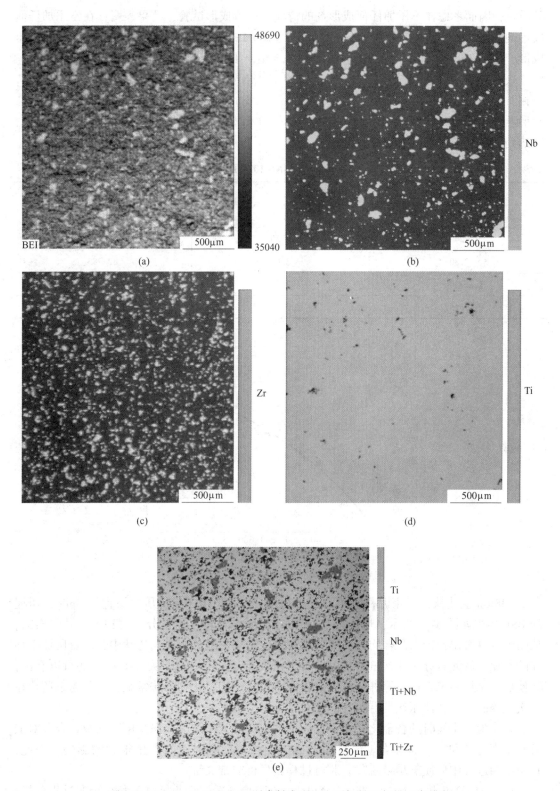

图 6-32 TiH$_2$、NbH 和 ZrH$_2$ 混合粉末压坯电子探针面扫描元素分布

品质量，因而考虑在不添加任何成形剂的情况下进行成形试验，结果表明，在不添加任何成形剂的情况下，分别在 200MPa、240MPa、280MPa、320MPa 和 360MPa 进行冷等静压成形，保压 3min，制备直径 10mm 的圆柱形压坯，压坯具有较好的成形性，没有裂纹。

表 6-13 是在不同的成形压力下，制备的 Ti-13Nb-13Zr 压坯（氢化物粉）的相对密度，其相对密度与成形压力的关系如图 6-33 所示。压坯的相对密度随成形压力的增大而增大，成形压力高于 240MPa 时，压坯相对密度达到 80%以上，成形压力为 360MPa 时，相对密度达到 85%。

表 6-13　不同成形压力制备的 Ti-13Nb-13Zr 压坯（氢化物粉）相对密度

成形压力/MPa	密度/g·cm⁻³	相对密度/%
200	3.38	78.597
240	3.50	81.327
280	3.56	82.785
320	3.61	83.972
360	3.66	85.007

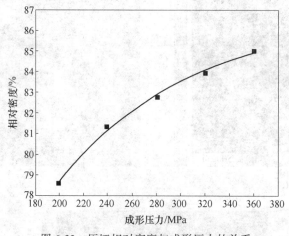

图 6-33　压坯相对密度与成形压力的关系

−38μm 氢化钛，氢化铌和氢化锆混合粉末，在 280MPa 成形压力下保压 3min，压坯的 BSE 形貌如图 6-34 所示，压坯的 Ti、Nb、Zr 元素含量半定量分析（EDS）见图 6-34，从图中可以看出，粉末混合均匀，氢化铌和氢化锆均匀地分布在氢化钛中，以及压坯中存在的空隙。从元素分布和含量分析可以看出粉末混合比较均匀。从 BSE 图中还可以看出，在使用氢化物粉末直接冷等静压成形过程中，由于三种氢化物都非常脆，因此粉末还存在二次破碎的效果，使压坯具有较高的相对密度。

氢作为一个暂时的合金化元素，在后续的烧结工艺中除去，但是由于钛及钛合金对 H 具有很高的亲和力，而且当氢含量高于 200×10⁻⁶ 时，会对性能产生很大的影响，因此，在烧结的过程中应使氢尽量脱除，脱氢过程就显得非常关键。

通过 TG-DSC 热重差热对 TiH₂，NbH 和 ZrH₂ 原料粉进行脱氢温度和相转变过程分析，根据氢化物的脱氢性质选择有利于脱氢的工艺，使氢尽可能脱除，NbH 和 ZrH₂ 粉 TG-DSC

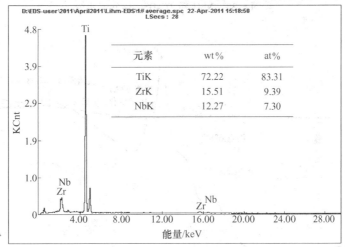

图 6-34 压坯断口的 BSE-SEM 形貌图（280MPa，3min）

热分解曲线分别如图 6-35、图 6-36 所示。

从图 6-35 中可以看出，温度低于 400℃时，试样质量基本保持不变，高于此温度时，发生明显的失重，氢化铌 TG 曲线失重量为 0.79%，对应的脱氢反应发生在 400~550℃温度范围，随着温度升高，由于氢化铌分解生成的铌被氧化，质量反而增大，TG 曲线有所上升，从 DSC 曲线可以看出氢化铌的分解也存在两个明显的吸热峰，表明分解过程发生了两次相转变，脱氢过程也分两步进行，在 460℃ 左右发生了第一步脱氢反应，在 490℃ 时发生了第二步脱氢过程。在吸热峰值对应的温度下反应最激烈，150℃ 对应氢化铌的正交晶系向体心立方晶系转变温度，722℃ 时可能是固溶态氢的脱除引起的吸热峰。

从图 6-36 中可以看出，温度低于 650℃ 时，试样质量基本保持不变，高于此温度时，发生明显的失重，氢化锆 TG 曲线失重量为 0.22%，对应的脱氢反应发生在 650~800℃ 温度范围，随着温度升高，由于氢化锆分解生成的锆也被氧化，TG 曲线有上升趋势，从 DSC 曲线可以看出，ZrH_2 的分解有两个明显的吸热峰，第一个峰值温度为 530℃，第二个峰值温度为 690℃，722℃ 时也出现一个小的吸热峰，可能是固溶态氢的脱除。

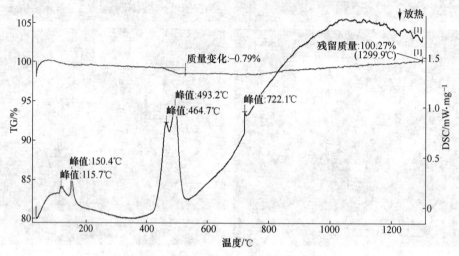

图 6-35　NbH 粉 TG-DSC 热分解曲线

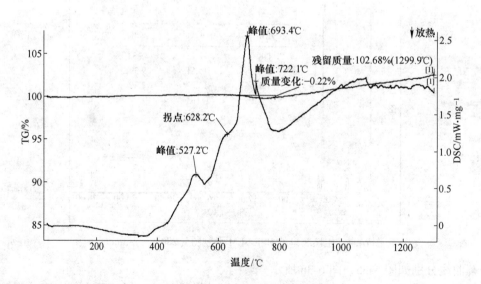

图 6-36　ZrH_2 粉 TG-DSC 热分解曲线

根据氢化钛、氢化铌和氢化锆三种氢化物的 TG-DSC 热重分析结果得到的脱氢温度区间，氢化物脱氢性质选择有利于脱氢的工艺，试验脱氢温度选择分别在 650℃和 800℃保温 1h 和 30min 进行脱氢，使氢尽可能在烧结前脱除，Ti-13Nb-13Zr 合金的烧结工艺如图 6-37 所示。

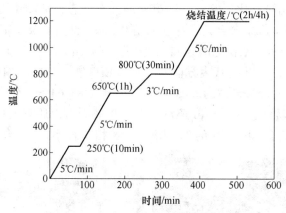

图 6-37　Ti-13Nb-13Zr 合金的脱氢-烧结工艺制度

6.8.4　Ti-13Nb-13Zr 合金烧结工艺研究

烧结是成形为一定形状的粉末压坯，在各种条件作用下，通过一系列化学、物理与冶金的变化，使粉末颗粒之间形成化学结合，从而变成致密固体的固结过程。粉末冶金法制备钛及钛合金，由于钛与碳、氮、氧、氢等元素具有很高的亲和力，烧结过程必须在高真空条件下进行。压坯脱氢后，继续升温至烧结温度进行烧结，烧结过程中保持高真空（$10^{-4} \sim 10^{-5}$Pa），烧结结束时持续抽真空，随炉冷却至室温后取出。

6.8.4.1　烧结温度的影响

A　烧结温度对合金化的影响

由于 Ti-13Nb-13Zr 合金的烧结属于固相烧结，此时 Ti、Nb、Zr 均为固相，合金化速度取决于固体中原子扩散速度、压坯密度等因素。

温度是影响固相反应速度的重要条件，温度升高均有利于反应进行，这是由于温度升高，固体结构中质点热振动的动能增大、反应能力和扩散能力均得到增强的原因。对于扩散，其扩散系数 D 与温度 T 的关系为：

$$D = D_0 \exp\left(-\frac{Q}{RT}\right)$$

式中　D——扩散系数，$\mathrm{cm^2/s}$；

$\quad\quad D_0$——频率常数，$\mathrm{cm^2/s}$；

$\quad\quad Q$——扩散激活能，$\mathrm{kJ/mol}$；

$\quad\quad R$——气体常数，8.314J/（K·mol）；

$\quad\quad T$——绝对温度，K。

从式中可以看出，对于固相反应，温度的升高将提高扩散系数，因此烧结温度对烧结过程中的合金元素扩散的影响非常大，即对烧结过程的合金化有很大影响。烧结温度越高，颗粒内原子扩散系数越大，而且按指数规律迅速增大，烧结进行得越迅速。

　　烧结温度是影响合金化最重要的因素，因为原子互扩散系数是随着温度的升高而显著增大。图 6-38 是 1250℃烧结 2h 制备的 Ti-13Nb-13Zr 合金 BSE 形貌及 EDS 能谱分析。图 6-39 是在不同温度 1150℃、1250℃、1350℃和 1400℃烧结 2h 的 Ti-13Nb-13Zr 合金金相显微组织。通过图像的明暗对比，鉴别不同组分的分布状态，从图中可以看出，在 1250℃烧结 2h 制备的 Ti-13Nb-13Zr 合金，还存在未溶相 Nb（见图 6-38（a）和（b）中亮的区域）。通过 EDS 能谱分析，颜色亮的区域 Nb 含量为 89.04%，确定颜色亮的区域是未溶的纯铌相。通过图 6-38（b）中 2 代表方框内区域的 EDS 能谱分析（如图 6-38（d）所示），元素 Zr 含量为 10.10%，Nb 含量为 6.26%，Ti 含量为 83.64%，Zr 含量与目标成分比较接近，而 Nb 含量相差较大，因为 Nb 还没有充分扩散固溶，还有大量单质相存在，结果表明颜色较暗的区域是含 Nb 和 Zr 的 Ti 固溶体（α 相和 β 相）。

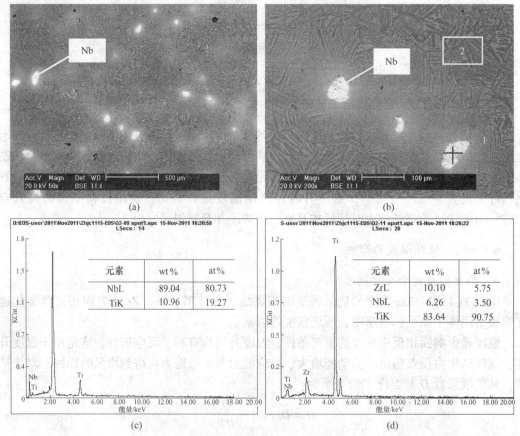

图 6-38　在 1250℃烧结 2h 制备的 Ti-13Nb-13Zr 合金 BSE 形貌及 EDS 能谱分析

（a），（b）BSE；（c）图（b）中 1 代表的能谱分析；（d）图（b）中 2 代表的区域能谱分析

　　通过图 6-39 不同烧结温度制备 Ti-13Nb-13Zr 合金的显微组织，可以观察到同样的结果。在 1150℃和 1250℃烧结 2h，烧结样中还存在大量的未溶铌相，随着烧结温度的升高，未溶相 Nb 颗粒逐渐减少，充当 β 相成核剂，直至消失，造成存铌相的原因是因为 Nb 的熔点比较高，为 2468℃，在 1150℃和 1250℃下扩散比较困难，而且 NbH 的颗粒又比较大，原始粉末中有少量 80μm 左右的颗粒，在 2h 较短的烧结时间内，扩散进行的程度非常不充分，因此烧结样中存在大量的纯 Nb 相。从图 6-39 中还可以看出，在 1400℃

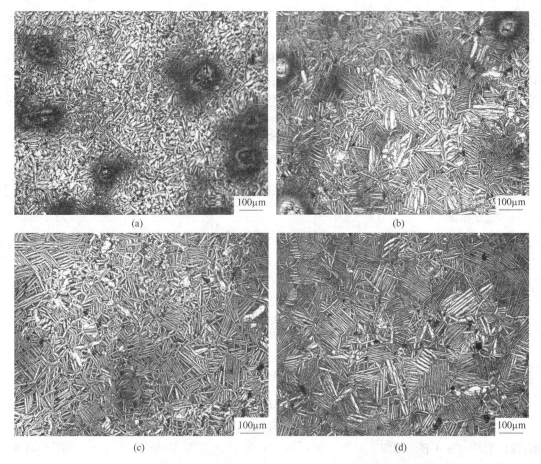

图 6-39　不同温度下烧结 2h 的 Ti-13Nb-13Zr 合金显微组织演变过程

(a) 1150℃；(b) 1250℃；(c) 1350℃；(d) 1400℃

下烧结 2h，纯 Nb 相几乎完全消失，固溶进 Ti 的晶格中，表明烧结温度对 Ti，Nb 和 Zr 的合金化影响非常大，尤其是 Nb 的合金化。

图 6-40 和图 6-41 是在不同温度烧结 2h 制备的 Ti-13Nb-13Zr 合金烧结样的 XRD 物相，从图中可以看出，Ti-13Nb-13Zr 合金烧结样 XRD 只出现 α-Ti，β-Ti 和 Nb 相的物相特征

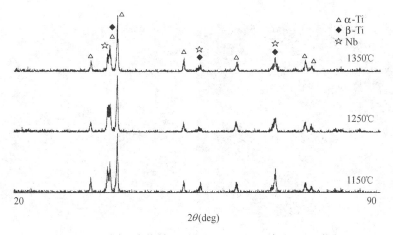

图 6-40　不同温度烧结 2h 的 Ti-13Nb-13Zr 合金 XRD 物相

峰，并没有与氢有关的物相特征峰出现，随着烧结温度的升高，Nb 相特征峰逐渐减弱，合金化程度较完全。由于 Nb 单质相和 β-Ti 相的特征衍射峰几乎完全相同，因此仅根据 XRD 物相分析很难判断烧结样中是否存在 Nb 的单质相，但是再结合图 6-39 中金相组织的分析可以看出，1150℃和 1250℃时，明显存在大量 Nb 的单质，1350℃时，仅存在没有完全扩散的极少量 Nb，1400℃时，Nb 已经完全合金化，不存在 Nb 的单质相，并且形成均匀的魏氏双相组织。

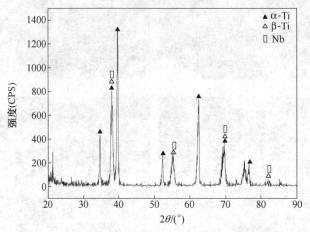

图 6-41　1400℃烧结 2h 的 XRD 物相

　　由 Ti-13Nb-13Zr 合金 SEM 显微结构可以看出，烧结样中仍然存在孔隙，如图 6-38 (a)，(b) 所示，由图 6-39 不同温度的金相显微组织可以看出，烧结样显微结构为典型的魏氏双相 (α + β) 组织，特征是平行的片状 α 镶嵌在 β 基体中，图 6-40 和图 6-41 的 XRD 分析结果也表明，Ti-13Nb-13Zr 合金烧结样存在 α 相和 β 相。

　　B　烧结温度对孔隙大小及分布的影响

　　图 6-42 是−38μm 的氢化物混合粉，在不同温度烧结 4h 得到的 Ti-13Nb-13Zr 合金烧结样孔隙大小及分布，从图中可以看出，1150℃时孔隙很多、形状不规则，随着温度的升高，发现孔隙数量减少，形状变得规则，趋于圆化，这是因为随着温度的升高，合金化元素的扩散加快，由于整个系统向自由能减少及界面减少的方向进行，因此孔隙收缩，烧结样的致密度增大。

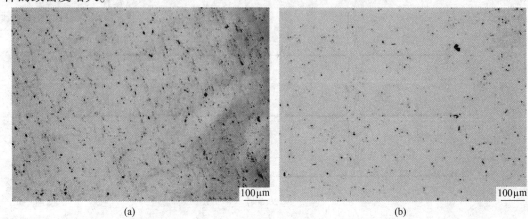

(a)　　　　　　　　　　　　　　　　　　　(b)

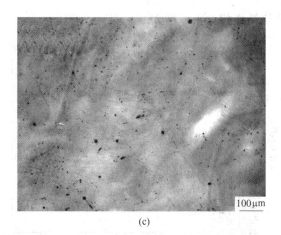

图 6-42 烧结温度对 Ti-13Nb-13Zr 合金烧结样孔隙形貌及大小的影响
(a) 1150℃；(b) 1250℃；(c) 1300℃

C 烧结温度对致密度的影响

烧结温度对致密度的影响见表 6-14~表 6-16。

表 6-14 200MPa 成形压力压坯在不同温度烧结的 Ti-13Nb-13Zr 合金相对密度

烧结温度/℃	保温时间/h	烧结前相对密度/%	烧结密度/g·cm⁻³	烧结后相对密度/%
1150	2	78.597	4.698	93.764
1250	2	78.597	4.886	97.528
1350	2	78.597	4.921	98.229
1400	2	78.597	4.934	98.490

表 6-15 280MPa 成形压力压坯在不同温度烧结的 Ti-13Nb-13Zr 合金相对密度

烧结温度/℃	保温时间/h	烧结前相对密度/%	烧结密度/g·cm⁻³	烧结后相对密度/%
1150	2	82.785	4.719	94.199
1250	2	82.785	4.901	97.833
1350	2	82.785	4.923	98.254
1400	2	82.785	4.948	98.761

表 6-16 360MPa 成形压力压坯在不同温度烧结的 Ti-13Nb-13Zr 合金相对密度

烧结温度/℃	保温时间/h	烧结前相对密度/%	烧结密度/g·cm⁻³	烧结后相对密度/%
1150	2	85.007	4.732	94.448
1250	2	85.007	4.908	97.957
1350	2	85.007	4.944	98.681
1400	2	85.007	4.966	99.123

表 6-14~表 6-16 分别是 200MPa，280MPa 和 360MPa 成形压力的压坯，在不同温度烧结的相对密度值。图 6-43 是不同成形压力和不同烧结温度烧结 Ti-13Nb-13Zr 合金的相对密度，烧结时间都为 2h。从表 6-14~表 6-16 中可以看出，在相同的成形压力下，升高温

度，Ti-13Nb-13Zr 合金烧结样相对密度增大。

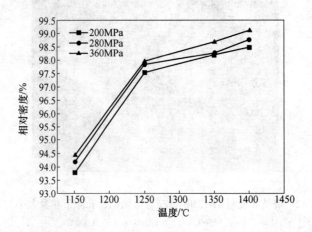

图 6-43　Ti-13Nb-13Zr 合金烧结温度与相对密度的关系曲线

从图 6-43 中可以看出，烧结温度在 1150℃ 和 1250℃ 之间，烧结坯密度变化较大，温度高于 1250℃ 时，烧结坯密度增大较小。当烧结温度达到 1350℃ 时，各成形压力制备的成形坯，烧结相对密度在 98% 以上。

D　烧结温度对收缩率的影响

图 6-44 为 −45μm 的氢化物混合粉压坯，在不同温度烧结 2h 的烧结样收缩率曲线。可以看出，对于成形压力相同的压坯，随烧结温度升高，Ti-13Nb-13Zr 合金烧结样的收缩率逐渐增大；在同一温度下烧结时，200MPa 成形压力的压坯烧结收缩率较 360MPa 压坯收缩率大。

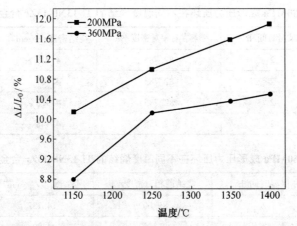

图 6-44　烧结温度对 Ti-13Nb-13Zr 合金烧结样收缩率的影响

E　烧结温度对晶粒大小的影响

图 6-45 是 −38μm 的合金粉末压坯在不同温度烧结制备的 Ti-13Nb-13Zr 合金烧结样显微组织，从图中可以看出，随着温度升高，Ti-13Nb-13Zr 合金晶粒显著长大。在 1150℃ 烧结 4h，晶粒尺寸不到 100μm；在 1350℃ 烧结 4h，晶粒尺寸达到几百个微米。

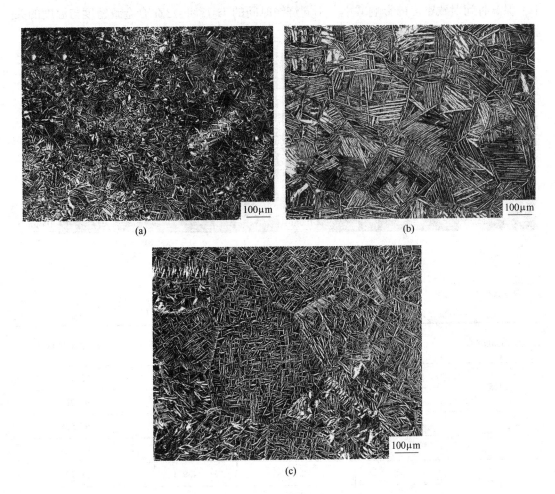

图 6-45 不同温度烧结 4h 的 Ti-13Nb-13Zr 合金烧结样显微组织
(a) 1150℃；(b) 1250℃；(c) 1350℃

6.8.4.2 保温时间的影响

A 保温时间对合金化的影响

图 6-46 是 −45μm 的混合粉末压坯，在 1250℃分别烧结 2h 和 4h 的 Ti-13Nb-13Zr 合金显微组织，从图中可以看出，保温时间对合金元素 Nb 的合金化影响很大，这是因为在相同的烧结温度下，原子的扩散速度相同，随着烧结时间的延长，合金元素扩散更充分合金化程度就越高。在 1250℃烧结 2h 时，烧结样中还存在很多的未溶相 Nb，而且颗粒较大的还有类似原始形貌的颗粒状 Nb，延长烧结时间至 4h 时，未溶相 Nb 显著减少，以未溶相 Nb 为核心逐渐形成合金组织。

B 保温时间对烧结致密度的影响

表 6-17、图 6-46 是在不同温度下烧结 Ti-13Nb-13Zr 合金，不同保温时间 2h 和 4h 的烧结致密度，从图、表中可以看出，保温时间对合金烧结致密度影响很大，烧结前成形坯密度相同，随烧结时间延长，烧结密度增大。随温度升高，保温 2h 和 4h 的致密度差别减

小，保温时间对致密度的影响减小。不同烧结时间的 Ti-13Nb-13Zr 合金致密度与温度的关系，如图 6-47 所示。

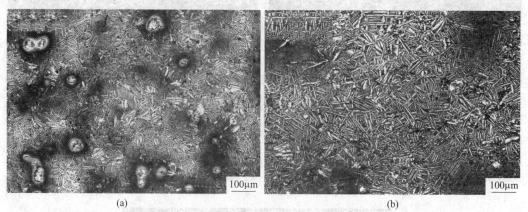

(a)　　　　　　　　　　　　　　　　　(b)

图 6-46　在不同温度下烧结 Ti-13Nb-13Zr 合金

（a）2h；（b）4h

表 6-17　不同烧结时间的 Ti-13Nb-13Zr 合金烧结致密度

烧结温度/℃	保温时间/h	烧结前相对密度 /%	烧结密度 /g·cm⁻³	烧结后相对密度/%
1150	2	78.597	4.698	93.764
	4	78.597	4.898	97.763
1250	2	78.597	4.886	97.528
	4	78.597	4.931	98.424
1350	2	78.597	4.921	98.229
	4	78.597	4.959	98.985

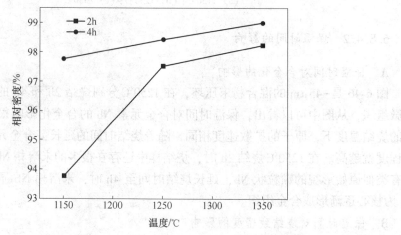

图 6-47　不同烧结时间的 Ti-13Nb-13Zr 合金致密度与温度的关系

C　保温时间对晶粒大小的影响

图 6-48 是 −45μm 的混合粉末压坯，分别在 1250℃和 1350℃烧结 2h 和 4h 的 Ti-13Nb-

13Zr 合金烧结样显微组织，从图中可以看出，升高烧结温度，合金晶粒逐渐长大。在 1250℃烧结 2h 和 4h，晶粒长大不明显，在 1350℃烧结 2h 和 4h，晶粒明显长大，在 1350℃烧结 4h 晶粒尺寸在 100~200μm 之间。

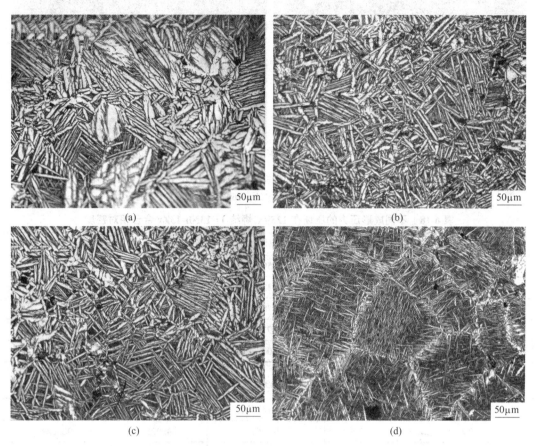

图 6-48　不同烧结温度和时间的 Ti-13Nb-13Zr 合金显微组织

(a) 1250℃，2h；(b) 1250℃，4h；(c) 1350℃，2h；(d) 1350℃，4h

6.8.4.3　成形压力的影响

A　成形压力对合金化的影响

图 6-49 是 −45μm 的粉末在 200MPa 和 360MPa 的成形坯，在 1350℃烧结 2h 制备的 Ti-13Nb-13Zr 合金的显微组织，从图中可以看出，在相同的烧结温度和烧结时间条件下，成形压力小的 200MPa 压坯，合金化程度没有 360MPa 的充分，未溶相 Nb 较多且扩散不充分，因为颗粒间相互接触是发生物质传递的先决条件。增大压制压力，压坯密度提高，200MPa 和 360MPa 的压坯相对密度分别为 78.597% 和 85.007%，相对密度相差 6% 左右。密度大的压坯粉末颗粒间接触面增大，扩散界面增大，合金化过程加快，因此成形压力对合金化有一定影响，但作用并不十分显著。

B　成形压力对烧结致密度的影响

成形压力对烧结致密度的影响见表 6-18 和表 6-19。

图 6-49　不同成形压力压坯, 在 1350℃烧结 2h 制备的 Ti-13Nb-13Zr 合金的显微组织

(a) 200MPa; (b) 360MPa

表 6-18　不同成形压力的压坯在 1250℃烧结 Ti-13Nb-13Zr 合金相对密度

成形压力/MPa	保温时间/h	烧结前相对密度/%	烧结密度/g·cm⁻³	烧结后相对密度/%
200	2	78.597	4.886	97.528
240	2	81.327	4.892	97.643
280	2	82.785	4.901	97.833
320	2	83.972	4.905	97.903
360	2	85.007	4.908	97.957

表 6-19　不同成形压力的压坯在 1350℃烧结的 Ti-13Nb-13Zr 合金相对密度

成形压力/MPa	保温时间/h	烧结前相对密度/%	烧结密度/g·cm⁻³	烧结后相对密度/%
200	2	78.597	4.921	98.229
240	2	81.327	4.924	98.276
280	2	82.785	4.923	98.482
320	2	83.972	4.940	98.604
360	2	85.007	4.944	98.681

　　$-48\mu m$ 的混合粉末在不同成形压力下制备的压坯, 在 1250℃ 和 1350℃ 烧结 2h, Ti-13Nb-13Zr 合金烧结样的相对密度值见表 6-18 和表 6-19, 不同烧结温度的相对密度与成形压力关系曲线如图 6-50 和图 6-51 所示。从表 6-18 和表 6-19 中的烧结相对密度值可以看出, 1250℃烧结 2h 的合金相对密度大于 97%, 而 1350℃烧结 2h 的合金相对密度达到了 98%以上, 根据以上分析的金相显微组织可知, 1250℃时, 合金化还不充分, 还有未溶相, 因此相对密度较低。从曲线图 6-50 和图 6-51 中可以看出, 在不同温度下, Ti-13Nb-13Zr 合金烧结样相对密度与成形压力曲线趋势基本一致, 随着成形压力增大, 烧结样相对密度也提高, 当成形压力小于 320MPa 时, 成形压力对相对密度影响较大, 继续增大成形压力, 曲线变得平缓, 对烧结样相对密度影响逐渐减小。

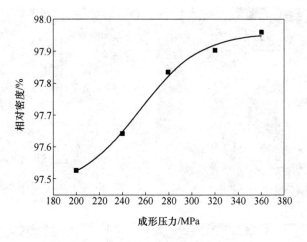

图 6-50 在 1250℃烧结 2h，Ti-13Nb-13Zr 合金的相对密度与成形压力的关系曲线

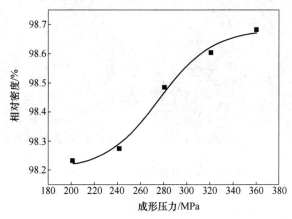

图 6-51 1350℃烧结 2h，Ti-13Nb-13Zr 合金的相对密度与成形压力的关系曲线

6.8.4.4 粉末粒度的影响

A 粉末粒度对合金化的影响

图 6-52 是$-80\mu m$ 和$-38\mu m$ 的 NbH 粉末分别与$-45\mu m$ 的 TiH_2 和 ZrH_2 粉末混合，压坯成形压力为 360MPa，在 1250℃烧结 4h 和 1400℃烧结 2h 的 Ti-13Nb-13Zr 合金显微组织，从图中可以看出，在相同的烧结温度和时间条件下，原料为$-80\mu m$ 的 NbH 的压坯合金化程度较差，在 1250℃烧结 4h 时，$-80\mu m$ 的压坯还存在明显的 Nb 未溶相，如图 6-52（a）所示，$-38\mu m$ 的压坯已基本合金化，未观察到明显的未溶相。在 1400℃烧结 2h 时，$-80\mu m$ 的压坯也存在少量 Nb 未溶相，周围尚未形成合金组织，但$-38\mu m$ 的压坯在 1400℃烧结 2h 后，已经不存在未溶相，且形成了晶粒晶界明显的双相组织。-200 目（$-80\mu m$）的 NbH 粉末含有少量粒度约 $80\mu m$ 的大颗粒，-400 目（$-38\mu m$）的 NbH 粉末粒度均小于 $38\mu m$，在烧结过程中，添加的合金元素合金化的速度随着粒度的减小而增大，因为在烧结温度和时间相同时，减小粉末粒度意味着增加颗粒间的扩散界面并且缩短了扩散路程，从而增加单位时间内扩散原子的数量，因此粒度较小的粉末更利于合金化。

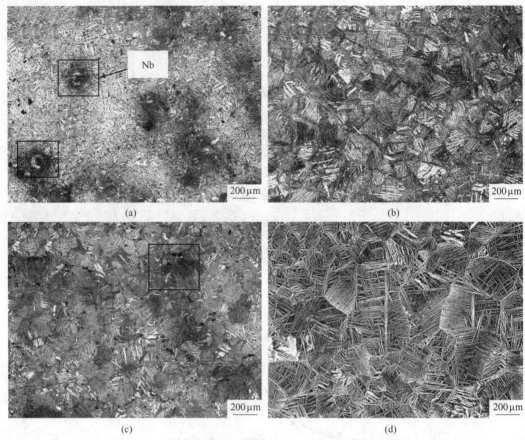

图 6-52　不同粒度的 NbH 烧结的 Ti-13Nb-13Zr 合金显微组织
（a）1250℃/4h，-80μm；（b）1250℃/4h，-38μm；
（c）1400℃/2h，-80μm；（d）1400℃/2h，-38μm

B　粉末粒度对烧结致密度的影响

表 6-20 是-80μm 的氢化铌和-45μm 的 TiH$_2$ 和 ZrH$_2$ 粉末混合压坯在 1250℃烧结 4h 的 Ti-13Nb-13Zr 合金烧结致密度，以及-38μm 的氢化铌、TiH$_2$ 和 ZrH$_2$ 粉末混合压坯在 1250℃烧结 4h 的 Ti-13Nb-13Zr 合金烧结致密度，可以看出，粒度小的压坯烧结制备的 Ti-13Nb-13Zr 合金烧结相对密度较高，这是因为烧结致密度也跟合金化程度有关。粉末粒度较小的压坯，粉末越细，比表面越大，表面的活性原子数越多，表面扩散就越容易进行，合金化程度越高就越容易达到致密化。

表 6-20　不同粉末粒度的 Ti-13Nb-13Zr 合金烧结致密度

NbH 粉末粒度/μm	成形压力/MPa	保温时间/h	烧结前相对密度/%	烧结密度/g·cm^{-3}	烧结后相对密度/%
-80	280	4	82.785	4.936	98.519
-38	280	4	82.785	4.999	99.771
-80	320	4	83.972	4.937	98.534
-38	320	4	83.972	5.001	99.827
-80	360	4	85.007	4.963	99.060
-38	360	4	85.007	5.006	99.912

C 粉末粒度对晶粒大小的影响

图 6-53 是 $-80\mu m$ 的 NbH 和 $-45\mu m$ 的 TiH$_2$ 和 ZrH$_2$ 混合粉末压坯，及 $-38\mu m$ 的 TiH$_2$、NbH 和 ZrH$_2$ 混合粉末压坯在 1350℃和 1450℃烧结 4h 的金相显微组织，从图中可以看出，在相同的烧结温度和时间制备的 Ti-13Nb-13Zr 合金烧结样，粉末粒度小的压坯，合金晶粒尺寸相对较小。由于试验中采用的原料粉末，只有 $-80\mu m$ 的氢化铌有少量大的颗粒存在，大部分为粒度较小的颗粒，因此从图中观察到的粉末粒度对合金烧结样晶粒尺寸影响不大。

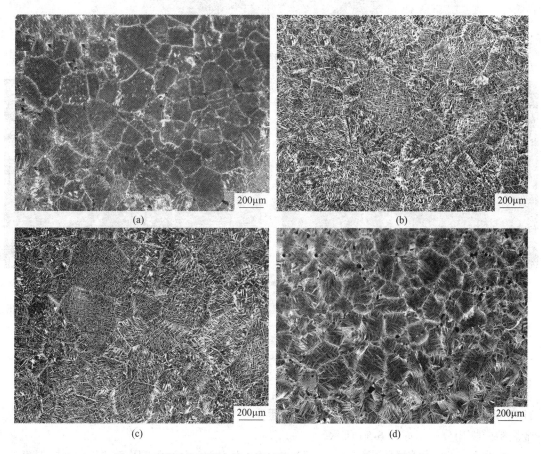

图 6-53 不同粒度混合粉末烧结的 Ti-13Nb-13Zr 合金显微组织

(a) 1350℃/4h，$-80\mu m$；(b) 1350℃/4h，$-38\mu m$；

(c) 1450℃/4h，$-80\mu m$；(d) 1450℃/4h，$-38\mu m$

6.8.5 近净成形生物医用人体骨骼的研制

在前期研究确定了冷等静压成型、真空烧结的工艺之后，以复杂形状的医疗植入体为研究对象，采用粉末冶金近净成形工艺，制备人体骨骼等复杂植入件。

首先采用快速成形技术，模具硅橡胶制备等静压成形包套，将 TiH$_2$ 粉及合金粉装入包套，抽真空，然后放入冷等静压机进行压制，去除橡胶包套，得到压坯（见图 6-54），再将预处理后的压坯进行真空烧结，在 1250℃时烧结 4h，真空度高于 1×10^{-3}Pa，烧结后试样形貌如图 6-55 所示。

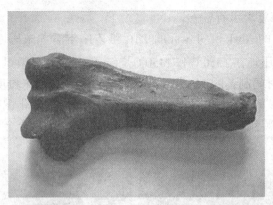

图 6-54　冷等静压植入物肘关节成形坯

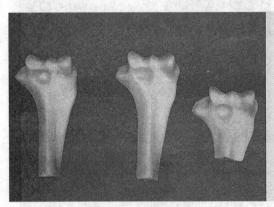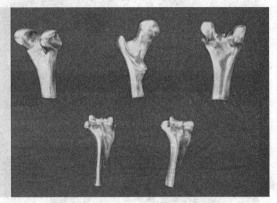

图 6-55　粉末冶金近净成形制备的植入物材料

从图 6-54、图 6-55 中可以看出，形状复杂的人体肘关节，等静压成形坯和烧结样都表面光滑，没有裂纹，烧结后保形效果较好。

6.8.6　Ti-13Nb-13Zr 合金烧结样物相分析

由 Ti-Nb 系和 Ti-Zr 系二元相图可知，在烧结过程中，最高烧结温度为 1450℃ 时，Ti-Nb-Zr 合金不会出现液相，因此，烧结过程主要以固态扩散机制为主。Ti-13Nb-13Zr 合金烧结样物相分析，如图 6-56 所示。

结合 Ti-Nb 二元相图（图 6-57），TiH_2、NbH 和 ZrH_2 混合粉末压坯以及在不同温度烧结的 Ti-13Nb-13Zr 合金 XRD 物相分析（见图 6-58、图 6-59）结果可知，烧结样都有 α-Ti、β-Ti、Nb 单质相存在。由于 Nb 只有一种体心立方点阵，所以 Nb 只与具有体心立方结构的 β-Ti 形成连续固溶体，而与密排六方点阵的 α-Ti 有限固溶，由于 Nb 的熔点较高，扩散相对较难，因此在低温下的烧结样存在 Nb 的单质相，且随着烧结温度的上升，Nb 元素特征峰减弱。

Ti-Zr 相图如图 6-57 所示，Ti-Zr 是同族元素，外层电子构造一样，点阵类型相同（具有 α-Zr 和 β-Zr），原子半径相近，Ti 和 Zr 的原子半径分别为 0.147nm 和 0.16nm，故 Zr 与 α-Ti 和 β-Ti 均形成连续互溶的无限固溶体。Zr 能够和 Ti 无限互溶，而且锆的熔点较低，烧结时容易扩散，因此三个烧结样都没有出现 Zr 的衍射峰，表明在烧结过程中 Zr 很容易与钛合金化，扩散固溶进 Ti 晶格中。

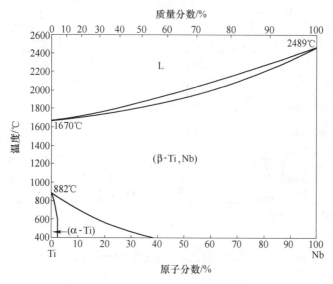

图 6-56 Ti-13Nb-13Zr 合金烧结样物相分析

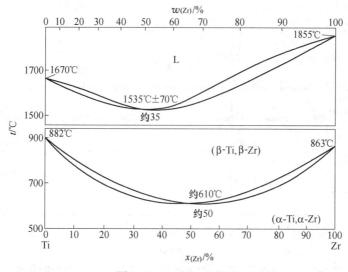

图 6-57 Ti-Zr 二元相图

XRD 分析结果表明烧结样仅有 α-Ti、β-Ti、Nb 相特征衍射峰，并没有与氢有关的物相特征峰出现，再结合图 6-60（a）烧结样金相显微组织，可以确定，1050℃时烧结样中还存在大量的未溶相 Nb，1150℃时还存在少量的未完全扩散的 Nb，因此，烧结样中的物相为 α-Ti、β-Ti、Nb 相；当温度达到 1200℃以后，Nb 相就已经完全合金化，此时物相只有 α-Ti 和 β-Ti 相。

6.8.7 Ti-13Nb-13Zr 合金烧结组织和性能

6.8.7.1 化学成分分析

试验对 TiH_2、NbH 和 ZrH_2 混合粉末及 Ti-13Nb-13Zr 合金烧结样进行了化学成分分析，

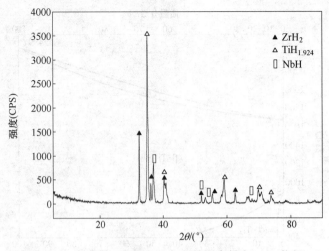

图 6-58　氢化钛、氢化铌和氢化锆混合粉末 XRD 物相

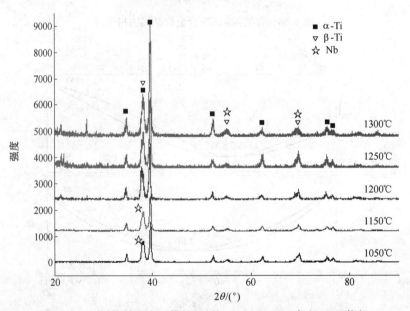

图 6-59　不同烧结温度下烧结 4h 的 Ti-13Nb-13Zr 合金 XRD 物相

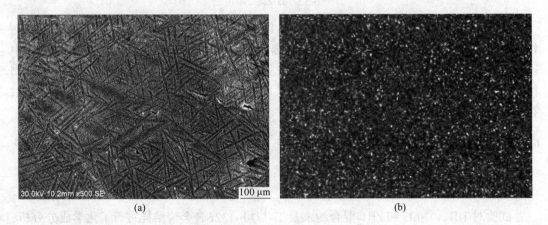

(a)　　　　　　　　　　　　　　(b)

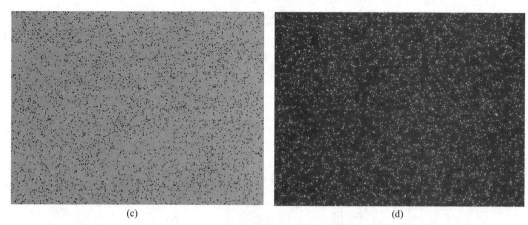

图 6-60　Ti-13Nb-13Zr 合金烧结样 SEM 形貌及元素面分布

（a）SEM 形貌；（b）Ti；（c）Nb；（d）Zr

结果见表 6-21，国家标准 GB/T 3620.1—2007 和 ASTM（F1713—2003）标准中规定的 Ti-13Nb-13Zr 化学成分一致，见表 6-22。通过对比可以看出，与混合粉末相比，Ti-13Nb-13Zr 合金烧结样的氢含量有显著减少，表明在脱氢烧结过程中氢元素已经有效脱除，氧含量稍微高于 ASTM-1713 标准，但与标准比较接近，合金元素 Nb 和 Zr 杂质元素 N 含量均符合 ASTM-1713 标准。

表 6-21　钛铌锆氢化物混合粉末及 Ti-13Nb-13Zr 合金烧结样化学成分（wt%）

试样条件	Nb	Zr	O	N	H	Ti
TiH_2-NbH-ZrH_2 混合粉	12.68	11.70	0.20	0.083	3.62	Bal.
1350℃，4h	13.3	12.5	0.28	0.05	<0.001	Bal.
1450℃，4h	13.4	12.6	0.31	0.05	<0.001	Bal.
1400℃，2h	13.1	12.7	0.30	0.05	<0.001	Bal.

表 6-22　标准规定的 Ti-13Nb-13Zr 化学成分（wt%）

元素	Zr	Nb	Fe	C	N	H	O	Ti
含量	12.5~14.0	12.5~14.0	0.25	0.08	0.05	0.012	0.15	Bal.

6.8.7.2　元素面扫描分析

为了研究 Ti-Nb-Zr 合金中各元素的分布情况，对 Ti-13Nb-13Zr 合金烧结样进行 SEM 元素面扫描，分析各元素在微区内的变化情况，见图 6-61，从图中可以看出，Ti-13Nb-13Zr 合金由（α+β）晶粒组成。烧结样 Ti、Nb 和 Zr 元素半定量分析结果如图 6-61 所示。图 6-60 中的 17.100（b）、（c）和（d）为 Ti、Nb 和 Zr 元素的面分布，在微区范围内，没有出现元素的偏析现象，Nb、Zr 和 Ti 属于同晶型元素，可以完全固溶于 β 钛中，形成置换固溶体，可对合金起到固溶强化的作用。

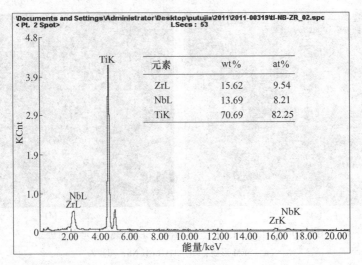

图 6-61　Ti-13Nb-13Zr 合金烧结样 Ti、Nb 和 Zr 元素半定量分析（·EDS）

6.8.7.3　烧结温度对显微组织的影响

图 6-62 为 $-38\mu m$ 的氢化钛、氢化铌和氢化锆混合粉末压坯，在 1050~1450℃ 温度范围内烧结 4h 制备的 Ti-13Nb-13Zr 合金显微组织演变规律，从图中可以看出，在 1050℃ 和 1100℃ 较低的温度下，烧结样中还存在未溶相 Nb 颗粒，还没有完全形成合金组织。随温度升高，单质 Nb 相完全消失，以此为核心逐渐形成具有典型的魏氏 Widmannstätten（α+β）两相显微组织，由平行的 α 片状集束和晶间 β 组成。Ti-13Nb-13Zr 合金烧结样具有均匀的显微组织和致密的结构，从 β 转变点温度以上缓慢冷却下来，原始 β 晶界完整，β 晶粒内为 α 片状组织，在原始 β 晶粒内，存在 α 片取向几乎相同的粗大集束，长而平直，并具有较大的纵横比，还存在一些大块 α 相。随着烧结温度的升高，烧结 4h 后 β 晶粒急剧长大，烧结温度为 1300℃ 时，β 晶粒尺寸为 100μm 左右，1350℃ 时，β 晶粒尺寸长大到几百微米。在 1350℃ 和 1450℃ 温度下，形成粗大的魏氏组织，β 晶粒为几百微米，针状 α 变短，具有较小的纵横比，而且交错排列。

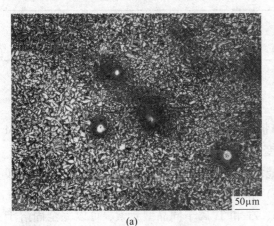

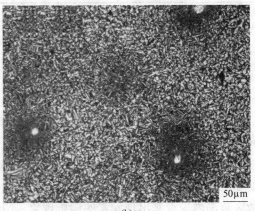

(a)　　　　　　　　　　　　　　　　　(b)

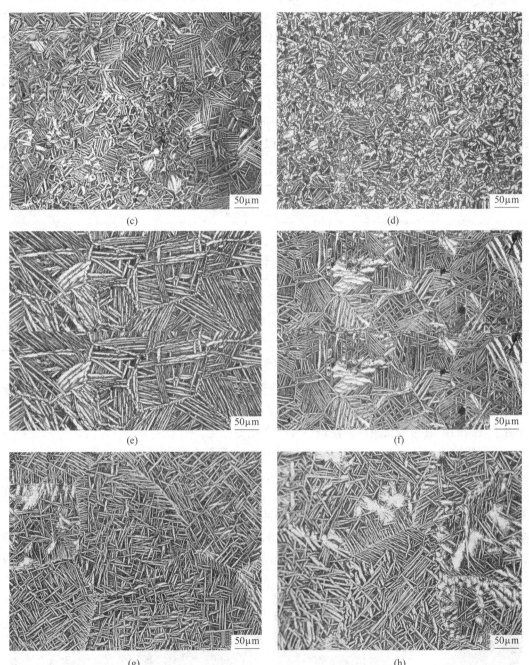

图 6-62　不同温度烧结 4h 的 Ti-13Nb-13Zr 合金烧结样显微组织
（a）1050℃；（b）1100℃；（c）1150℃；（d）1200℃；
（e）1250℃；（f）1300℃；（g）1350℃；（h）1450℃

6.8.7.4　力学性能与断口分析

Ti-13Nb-13Zr 合金烧结样烧结性能见表 6-23，ASTM（F1713—2003）标准中规定的力学性能见表6-24。在 1350℃ 和 1450℃烧结 4h，合金烧结样最终密度分别为 4.987g/cm³ 和 4.995g/cm³，Ti-13Nb-13Zr 合金的理论密度为 5.01g/cm³，相对密度达到99%以上，与熔炼铸造法制备的时效 Ti-13Nb-13Zr 合金相比，由粉末冶金法烧结制备的 Ti-13Nb-13Zr 合金显示出满意的抗拉强度。Mitsuo Niinomi 提到时效处理 Ti-13Nb-13Zr 的生物医用合金，抗拉强度为973~1037MPa，伸长率10%~16%，由于烧结样在高温下形成的粗大魏氏组织和烧结残余孔隙等，对室温拉伸塑性产生不利影响，使合金塑性降低，因此烧结样的伸长率较低，仅有3%~6%，而且由于片状 α 相形成的脆弱面，使金属的韧性急剧下降，因此，Ti-13Nb-13Zr 合金需要进行热处理才可以使用。

表 6-23　粉末冶金法制备的 Ti-13Nb-13Zr 合金烧结样力学性能

烧结温度 /℃	烧结时间 /h	烧结密度 $\rho/g \cdot cm^{-3}$	相对密度 /%	抗拉强度 σ_b/MPa	伸长率 $\delta/\%$	断面收缩率 $\psi/\%$	显微硬度 HV
1400	2	4.965	99.101	939.20	2.67	0.40	384.7
1350	4	4.987	99.544	1057.24	6.11	0.93	375.7
1450	4	4.995	99.694	1094.14	3.11	0.67	398.7

表 6-24　ASTM（F1713—2003）标准中规定的 Ti-13Nb-13Zr 力学性能

ASTM	σ_b/MPa	$\sigma_{0.2}/MPa$	$\delta/\%$	$\psi/\%$
Ti-13Nb-13Zr	550	345	8	15

注：ASTM（F1713—2003）材料状态为经过冷加工或热加工后未退火。

从表6-23 中还可以看出，烧结样显微硬度值随烧结温度的升高而增大，当烧结温度升高时，相对密度值增大，因为较高的温度促进了颗粒之间的键合，增大了结合强度，并且由于较高的扩散和传质速率，使烧结样合金化更完全。

不同烧结温度的 Ti-13Nb-13Zr 合金烧结样，室温静态拉伸试样 SEM 断口形貌如图 6-63 所示，断口的宏观特征为断口上没有明显的宏观塑性变形，断口相对齐平并垂直于拉伸载荷方向，整个断口比较平坦，为脆性断口特征。从微观形貌中可以看出，断口表面呈现晶体学平面或晶粒的外形，有呈条状分布的晶粒外形，且随温度的升高，其形状变长，在局部区域能观察到少量韧窝。与1350℃和1450℃烧结4h 的断口相比，在 1400℃烧结 2h 的烧结样断口表面存在的韧窝较多，随温度升高，晶粒尺寸增大，出现以沿晶断裂为主，含少量韧窝的混合断裂类型。

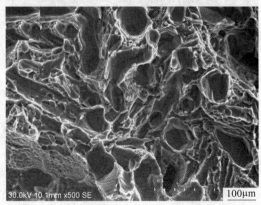

(a)　　　　　　　　　　　　　　(b)

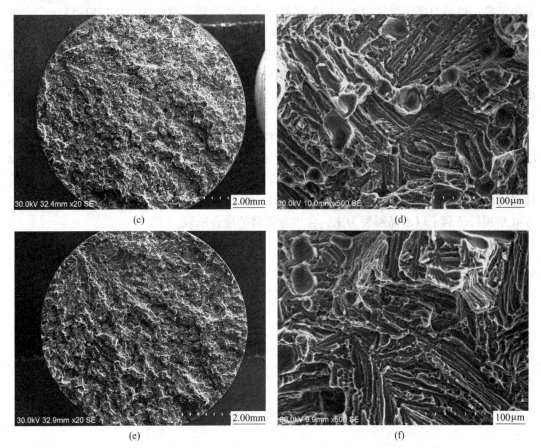

图 6-63　Ti-13Nb-13Zr 合金烧结样拉伸试样 SEM 断口形貌
（a），（b）1400℃/2h；（c），（d）1350℃/4h；（e），（f）1450℃/4h

6.8.8　小结

采用粉末冶金新方法，直接烧结 TiH_2、NbH 和 ZrH_2 混合粉末压坯，在烧结过程中同时将氢脱除，制备 Ti-13Nb-13Zr 合金，研究烧结温度、烧结时间、成形压力和粉末粒度等因素对合金化程度、烧结致密度、收缩率、烧结样孔隙形貌和分布以及晶粒大小的影响，主要理论如下：

（1）烧结温度和时间对 Ti，Nb 和 Zr 的合金化影响非常大，尤其是 Nb 的合金化，1150℃和 1250℃烧结 2h，烧结样中还存在大量的未溶相 Nb，1250℃烧结 4h，未溶相 Nb 显著减少。随着烧结温度的升高，未溶相 Nb 颗粒逐渐减少，充当 β 相成核剂，直至消失，400℃时纯 Nb 相几乎完全消失，固溶进 Ti 的晶格中。

（2）合金元素粉末粒度对合金化影响很大，尤其是熔点较高扩散较差的 Nb 的粒度，1250℃烧结 4h 制备的 Ti-13Nb-13Zr 合金烧结样，−80μm 的 NbH 粉末试样还存在明显的未溶相，而−38μm 的试样已经基本合金化，未观察到明显的未溶相。

（3）烧结温度对 Ti-13Nb-13Zr 合金晶粒尺寸影响很大，1150℃烧结 4h，晶粒尺寸不到 100μm，致密度可达 98%以上，1350℃烧结 4h，晶粒显著长大，达到几百个微米。烧结样具有典型的魏氏 Widmannstätten（α+β）两相显微组织，由平行的 α 片状集束嵌入 β

基中组成。较高的烧结温度和较长的保温时间会导致晶粒急剧长大，Ti-13Nb-13Zr 合金的烧结适宜温度和时间条件为 1300℃，4h。

（4）由 TiH_2、NbH 和 ZrH_2 氢化物烧结制备的 Ti-13Nb-13Zr 合金，烧结样合金元素 Nb 和 Zr 含量在标准范围内，氢含量小于 0.001%，表明脱氢过程可以顺利进行。在 1300℃ 烧结 4h 制备的 Ti-13Nb-13Zr 合金，仅有 α-Ti 和 β-Ti 的特征衍射峰，并没有与氢有关的物相特征峰出现。

（5）在 1350℃ 和 1450℃烧结 4h，合金相对密度达到 99%以上，金属元素 Nb、Zr 和 C、N、H 等杂质含量符合国家标准，氧含量稍高于标准，但与标准比较接近。与 ASTM（F1713—2003）标准相比较，Ti-13Nb-13Zr 合金烧结样的伸长率和断面收缩率较低，但抗拉强度超过标准中熔炼锻造法制备的时效 Ti-13Nb-13Zr 合金，可达到 1094MPa。拉伸断口 SEM 形貌特征属于以沿晶断裂为主，含少量韧窝的混合断裂。

参 考 文 献

[1] Jaffee R I, Promisel N E, et al. The Science, Technology and Application of Titanium [M]. Oxford, UK: Pergamon Press, 1970.

[2] Jaffee R I, Burte H M, et al. Titanium Science and Technology [M]. New York, USA: Plenum Press, 1973.

[3] Williams J C, Belov A F, et al. Titanium and Titanium Alloys [M]. New York, USA: Plenum Press, 1982.

[4] Kimura H, Izumi O, et al. Titanium′ 80, Science and Technology [M]. Warrendale, USA: AIME, 1980.

[5] Lütjering G, Zwicker U, Bunk W, et al. Titanium, Science and Technology [M]. Oberursel, Germany: DGM, 1985.

[6] Lacombe P, Tricot R, Beranger G, et al. Sixth Worm Conference on Titanium [M]. Les Ulis, France: Les Editions de Physique, 1988.

[7] Froes F H, Caplan I L, et al. Titanium′ 92, Science and Technology [M]. Warrendale, USA: TMS, 1993.

[8] Blenkinsop P A, Evans W J, Flower H M, et al. Titanium′ 95, Science and Technology [M]. Cambridge, UK: The University Press, 1996.

[9] Gorynin I V, Ushkov S S, et al. Titanium′ 99, Science and Technology [M]. St. Petersburg, Russia: CRISM "Prometey", 2000.

[10] Ltitjering G, Albrecht J, et al. Ti-2003, Science and Technology [M]. Weinheim, Germany: Wiley-VCH, 2004.

[11] Niinomi M, Maruyama K, Ikeda M, et al. Proceedings of the 11th Worm Conference on Titanium [M]. Japan: The Japan Institute of Metals Sendai, 2007.

[12] Bomberger H B, Froes F H, Morton P H. Titanium Technology: Present Status and Future Trends [M]. Dayton, USA: TDA, 1985: 3.

[13] Eylon D, Seagle S R. Titanium′ 99, Science and Technology [M]. St. Petersburg, Russia: CRISM "Prometey", 2000: 37.

[14] Bania P J. Titanium′ 92, Science and Technology [M]. Warrendale, USA: TMS, 1993: 2227.

[15] Gorynin I V. Titanium′ 92, Science and Technology [M]. Warrendale, USA: TMS, 1993: 65.

[16] Combres Y, Champin B. Titanium′ 95, Science and Technology [M]. Cambridge, UK: The University Press, 1996: 11.

[17] Wilhelm H, Furlan R, Moloney K C. Titanium′ 95, Science and Technology [M]. Cambridge, UK: The University Press, 1996: 620.

[18] Moriyasu T. Titanium′ 95, Science and Technology [M]. Cambridge, UK: The University Press, 1996: 21.

[19] Froes F H, Allen P G, Niinomi M. Non-Aerospace Applications of Titanium [M]. Warrendale, USA: TMS, 1998: 3.

[20] Blenkinsop P A. Titanium′ 95, Science and Technology [M]. Cambridge, UK: The University Press, 1996: 1.

[21] Boyer R R. Titanium′ 95, Science and Technology [M]. Cambridge, UK: The University Press, 1996: 41.

[22] Shira C, Froes F H. Non-Aerospace Application of Titanium [M]. Warrendale, USA: TMS, 1998: 331.

［23］ Niinomi M, Kuroda D, Morinaga M, et al. Non-Aerospace Application of Titanium ［M］. Warrendale, USA: TMS, 1998: 217.

［24］ Fanning J C. Ti-2003, Science and Technology ［M］. Weinheim, Germany: Wiley-VCH, 2004: 3125.

［25］ Crist E, Yu K, Bennett J, et al. Ti-2003, Science and Technology ［M］. Weinheim, Germany: Wiley-VCH, 2004: 173.

［26］ Kosaka Y, Fanning J C, Fox S P. Ti-2003, Science and Technology ［M］. Weinheim, Germany: Wiley-VCH, 2004: 3027.

［27］ Zarkades A, Larson F R. The Science, Technology and Application of Titanium ［M］. Oxford, UK: Pergamon Press, 1970: 933.

［28］ Conrad H, Doner M, de Meester B. Titanium Science and Technology ［M］. New York, USA: Plenum Press, 1973: 969.

［29］ Fedotov S G. Titanium Science and Technology ［M］. New York, USA: Plenum Press, 1973: 871.

［30］ James D W, Moon D M. The Science, Technology and Application of Titanium ［M］. Oxford, UK: Pergamon Press, 1970: 767.

［31］ Ivasishin O M, Flower H M, Lttjering G. Titanium'99, Science and Technology ［M］. St. Petersburg, Russia: CRISM "Prometey", 2000: 77.

［32］ Collings E W. Materials Properties Handbook: Titanium Alloys ［M］. Materials Park, USA: ASM, 1994: 1.

［33］ Boyer R, Welsch G, Collings E W, et al. Materials Properties Handbook: Titanium Alloys ［M］. Materials Park, USA: ASM, 1994.

［34］ Paton N E, Williams J C, Rauscher G P. Titanium Science and Technology ［M］. New York, USA: Plenum Press, 1973: 1049.

［35］ Paton N E, Baggerly R G, Williams J C. Rockwell Report SC 526. 7FR (1976).

［36］ Paton N E, Williams J C. Second International Conference on the Strength of Metals and Alloys ［M］. Metals Park, USA: ASM, 1970: 108.

［37］ Rosenberg H W. The Science, Technology and Application of Titanium ［M］. Oxford, UK: Pergamon Press, 1970: 851.

［38］ Baker H, et al. Alloy Phase Diagrams ［M］. ASM, Materials Park, USA: ASM Handbook, Vol. 3, 1992.

［39］ Hansen M. Constitution of Binary Alloys ［M］. New York, USA: McGraw-Hill, 1958.

［40］ Otte H M. The Science, Technology and Application of Titanium ［M］. Oxford, UK: Pergamon Press, 1970: 645.

［41］ Williams J C. Titanium Science and Technology ［M］. New York, USA: Plenum Press, 1973: 1433.

［42］ Flower H M, Davis R, West D R F. Titanium and Titanium Alloys ［M］. New York, USA: Plenum Press, 1982: 1703.

［43］ Peters M, Lütjering G, Ziegler G. Z. Metallke. 74, (1983). 274.

［44］ Benjamin D, et al. Properties and Selection. Stainless Steels, Tool Materials and Special-Purpose Materials ［M］. Metals Handbook, 9th ed, Vol. 3, Metals Park, USA: ASM, 1980: 353.

［45］ Bdchel J, Hocheid B. Titanium, Science and Technology ［M］. Oberursel, Germany: DGM, 1985: 1613.

［46］ Pearson W B. Handbook of Lattice Spacings and Structures of Metals and Alloys ［M］. Vol. 2, London, UK: Pergamon Press, 1967.

［47］ Williams J C. Titanium Technology. Present Status and Future Trends ［M］. Dayton, USA: TDA,

1985：75.

[48] Wagner L, Gregory J K. Beta Titanium in the 1990's [M]. Warrendale, USA：TMS, 1993：199.

[49] Zwicker U. Titan and Titanlegierungen [M]. Berlin, Germany：Springer-Verlag, 1974：102.

[50] Mishin Y, Herzig C. Acta Mater. 48, (2000)：589.

[51] Schutz R W, Thomas D E. Corrosion [J]. Metals Handbook, 9th ed, Vol. 13, Metals Park, USA：ASM, 1987：669.

[52] Davis J R, et al. Stainless Steels, ASM, Materials Park, USA, (1994)：139.

[53] Myers J R, Bomberger H B I, Froes F H. Titanium Technology：Present Status and Future Trends [M]. Dayton, USA：TDA, 1985：165.

[54] Schutz R W. Titanium'95, Science and Technology [M]. Cambridge, UK：The University Press, 1996：1860.

[55] Schutz R W. Metallurgy and Technology of Practical Titanium Alloys [M]. Warrendale, USA：TMS, 1994：295.

[56] Bania P J, Parris W M. Titanium 1990, Products and Applications [M]. Dayton, USA：TDA, 1990：784.

[57] Smialek J L, Nesbitt J A, Brindley W J, et al：Mat. Res. Soc. Symp. Proc. 364, (1995)：1273.

[58] Leyens C, Peters M, Kaysser W A. Titanium'95, Science and Technology [M]. Cambridge, UK：The University Press, 1996：1935.

[59] Leyens C. Titan und Titanlegierungen, DGM, Oberursel, Germany, (1996)：139.

[60] Johnson T J, Loretto M H, Kearns M W. Titanium'92, Science and Technology [M]. Warrendale, USA：TMS, 1993：2035.

[61] 中国材料研究学会. 材料大辞典 [M]. 北京：化学工业出版社, 1994.

[62] Daisuke Kuroda M N, Masahiko Morinaga, Yosihisa Kato. Design and mechanical properties of new β type titanium alloys for implant materials [J]. Materials Science and Engineering A, 1998, 243：244~249.

[63] Marc Long H J R. Titanium alloys in total joint replacement —A materials science perspective [J]. Biomaterials, 1998, 19：1621~1639.

[64] Geetha M A K, Singh R, Asokamani A K G. Ti based biomaterials, the ultimate choice for orthopaedic implants—A review [J]. Progress in Materials Science, 2009, 54：397~425.

[65] Katz J L. Anisotropy of young's modulus of bone [J]. Nature, 1980, 283：106~107.

[66] Black J H. Handbook of biomaterials properties [M]. London UK, 1998.

[67] Sumner D, Turner T M, Igloria R, et al. Functional adaptation and ingrowth of bone vary as a function of hip implant stiffness [J]. Biomechanics, 1998, 31：909~917.

[68] Hallab N J, Anderson S, Stafford T, et al. Lymphocyte responses in patients with total Hip arthroplasty [J]. Orthopaedic Research, 2005, 23 (2)：384~391.

[69] Sargeant A, Goswami T. Hip implants：Paper V. Physiological effects [J]. Material Design, 2006, 27：287~307.

[70] 郑玉峰, 赵连城. 生物医用镍钛合金 [M]. 北京：科学出版社, 2004.

[71] Viceconti M, Muccini R, Bernakiewicz M, et al. Large-sliding contact elements accurately predict levels of bone-implant micromotion relevant to osseointegration [J]. Biomechanics, 2000, 33：1611~1618.

[72] 黄利军. 新型医用高强低弹钛合金研究 [D]. 北京：北京航空材料研究院, 2006.

[73] Yoshimitsu O, Emiko G. Comparison of metal release from various metallic biomaterials in vitro [J]. Biomaterials, 2005, 26：11~21.

[74] Ying L Z, Mitsuo N, Toshikazu A. Effects of Ta content on Young's modulus and tensile properties of bina-

ry Ti-Ta alloys for biomedical applications [J]. Materials Science and Engineering A, 2004, 371: 283~290.

[75] Niinomi M. Recent research and development in titanium alloys for biomedical applications and healthcare goods [J]. Science and Technology of Advanced Materials, 2003, 4: 445~454.

[76] Oliveira M V D, Pereira L C, Schwanke C M, et al. Titanium surgical implants processed by powder metallurgy [J]. Key Engineering Materials, 2001: 437~442.

[77] 王桂生, 田荣璋. 钛的应用技术 [M]. 长沙: 中南大学出版社, 2007.

[78] Zitter H, Plenk J. The electromechanical behaviour of metallic implant materials as an indicator of their biocompatibility [J]. Biomed Mater Res, 1987: 881.

[79] 莫畏. 钛 [M]. 北京: 冶金工业出版社, 2008.

[80] Wang G S, Xu G D. Proceedings of XITC'S 98 [C]. International Academic Publishers, 1999.

[81] Khan M A, Williams R L, Williams D F. In-vitro corrosion and wear of titanium alloys in the biological environment [J]. Biomaterials, 1996, 17: 2117~2126.

[82] Ozturk R, Matway R J, Frueha B. Thermodynamics of inclusion formation in Fe-Cr-Ti-N alloys [J]. Metall and Mater Trans B, 1995, 26 (6): 563~567.

[83] Scoczy G, Dusgupta A, Bommaraj. Characterization of the chemical interactions during the casting of high-titanium low-carbon enameling steels [J]. Continuous Casting, 1995 (7): 197~207.

[84] 周宇, 杨贤金, 崔振铎. 新型医用 β-钛合金的研究现状及发展趋势 [J]. 金属热处理, 2005, 30 (1): 47~50.

[85] Schiff L J, Graham J A. Cytotoxic effect of vanadium and oil-fired fly ash on hamster tracheal epithelium [J]. Environmental Research, 1984, 34: 390~402.

[86] Steinemann S G, Perren S M. Titanium alloys as metallic biomaterials [J]. Titanium Science and Technology, 1984, 2: 1327~1334.

[87] Semlitsch M, Staub F, Webber H. Titanium-aluminium-niobium alloy, development for biocompatible, high-strength surgical implants [J]. Biomed. Tech., 1985, 30: 334~339.

[88] Vinicius A R H, Cosme R M S. Production of tatanium alloys for medical inplants by powder metallurgy [J]. Key Engineering Materials, 2001, 189: 443~448.

[89] Ahmed T, Long M, Silvestri J, et al. The 8th world titanium conference [C]. 1995.

[90] Borong K H, Kraner K H. Titanium science and technology, 1984: 81~83.

[91] 汶建宏, 杨冠军, 葛鹏, 等. β 钛合金的研究进展 [J]. 钛工业进展, 2008, 25 (1): 33~39.

[92] Rack H J, Qazi J I. Titanium alloys for biomedical applications [J]. Materials Science and Engineering C, 2006, 26: 1269~1277.

[93] Long M, Rack H J. Titanium alloys in total joint replacement—A materials science perspective [J]. Biomaterials, 1998, 19: 1621.

[94] Mitsuo N, Toshikazu A, Masaaki N. Mechanical properties of biomedical titanium alloys [J]. Materials Science and Engineering A, 1998, 243: 231~236.

[95] Wang K. The use of titanium for medical applications in the USA [J]. Materials Science and Engineering A, 1996, 213: 134~137.

[96] 罗斌莉, 杨华斌, 曹继敏, 等. Ti-13Nb-13Zr 合金棒材试制工艺及力学性能 [J]. 稀有金属材料与工程, 2008, 37: 664~666.

[97] Baptista C, Schneider S G, Taddei E B. Fatigue behavior of arc melted Ti-13Nb-13Zr alloy [J]. International Journal of Fatigue, 2004, 26: 967~973.

[98] Okazaki Y. A new Ti-15Zr-4Nb-4Ta alloy for medical applications [J]. Current Opinion in Solid State and

Materials Science, 2001, 5: 45~53.

[99] Sakaguchi N, Mituo N. Effect of alloying element on elastic modulus of TiNbTaZr system alloy for biomedical application [J]. Materials Science Forum, 2004, 449 (2): 1269~1272.

[100] Teoh S H. Fatigue of biomaterials: a review [J]. International Journal of Fatigue, 2000, 22 (10): 825~837.

[101] Sumner D R, Jorge O. Determinants of stress shielding: design versus materials versus interface [J]. Clinical Orthopaedics and Related Research, 1992: 202~212.

[102] Okazaki Y, Ito Y, Kyo K, et al. Corrosion resistance and corrosion fatigue strength of new titanium alloys for medical implants without V and Al [J]. Materials Science and Engineering A, 1996, 213: 138~147.

[103] Kuroda D, Niinomi M, Akahori T, et al. Structural biomaterials for the 21st century [C]. The minerals metals and materials society, 2001.

[104] Niinom M, Kuroda D, Fukunaga K. Titanium Conf. [C]. 1998.

[105] Hao Y L, Niinomi M, Kuroda D, et al. Young's modulus and mechanical properties of Ti-29Nb-13Ta-4. 6Zr in relation to α martensite [J]. Metallugical and materials transaction A, 2002, 33: 3137~3145.

[106] Song Y, Xu D S, Yang R, et al. Theoretical study of the effects of Alloying elements on the strength and modulus of B-Type bio-titanium alloys [J]. Materials Science and Engineering A, 1999, 260: 269~274.

[107] 张喜燕, 赵永庆, 白晨光. 钛合金及应用 [M]. 北京: 化学工业出版社, 2005.

[108] 师昌绪. 材料科学与工程手册 (上卷) [M]. 北京: 化学工业出版社, 2004.

[109] Okazaki Y, Ito Y, Ito A. Effect of alloying elements on mechanical properies of titanium alloys for medical implants [J]. Materials Transactions, 1993, 34: 17~22.

[110] 胡赓祥, 蔡珣. 材料科学基础 [M]. 上海: 上海交通大学出版社, 2000.

[111] 段洪涛. 生物医用低弹性模量钛合金组织与性能的研究 [D]. 大连理工大学, 2008.

[112] Henriques V A R, Galvani E T, Petroni S L G. Production of Ti-13Nb-13Zr alloy for surgical implants by powder metallurgy [J]. J Mater Sci 2010, 45: 44~50.

[113] Geetha M, Kamachi M U, Gogia A K, et al. Influence of microstructure and alloying elements on corrosion behavior of Ti-13Nb-13Zr Alloy [J]. Corrosion Science 46 (2004), 46: 877~892.